Kobbert - Schäfer - Stavorinus

Drei Abhandlungen

über

Gasautomaten

Mit einer Einleitung versehen und herausgegeben

von

Oberingenieur Fr. Schäfer

in Dessau

München und Berlin
Druck und Verlag von R. Oldenbourg
1910

Einleitung.

Aus manchen deutschen Städten wird gegenwärtig S t i l l -
s t a n d, aus einigen sogar R ü c k g a n g des jährlichen
Gasabsatzes gemeldet.

Diese unerfreuliche und für die Finanzen der betreffenden
Städte nachteilige oder doch bedenkliche Erscheinung ist
in der Regel auf das Zusammenwirken einer ganzen Reihe
ungünstiger Einflüsse zurückzuführen: Ersetzung stehenden
Gasglühlichts durch hängendes, das für gleiche Helligkeit
viel weniger Gas verbraucht, Verschärfung des Wettbewerbs
durch die elektrische Beleuchtung (Metallfadenlampen), Ver-
drängung von Gasmotoren durch Elektromotoren und noch
mehr durch Sauggas- und Rohölmotoren, Verkürzung der
Geschäfts- und Arbeitszeit (Achtuhr-Ladenschluß), Einschränkung der verschwenderischen Lichtreklame (auch den Elek-
trizitätswerken manchenorts sehr fühlbar geworden!), stiller
Geschäftsgang bei Gas verbrauchenden Industrien und Ge-
werben u. a. m.

Mehrere dieser ungünstigen Umstände werden in ab-
sehbarer Zeit an Stärke verlieren, können somit als vorüber-
gehende Erscheinungen betrachtet werden; andere aber
werden aller Voraussicht nach andauern, ihr Einfluß kann
daher nur ausgeglichen und überwuchtet werden, wenn es
gelingt, dem Gase w e i t e r e A b s a t z g e b i e t e zu erschließen. Als solche kommen zurzeit im wesentlichen nur zwei
in Betracht, nämlich die v e r m e h r t e A n w e n d u n g
d e r G a s f e u e r u n g i n i n d u s t r i e l l e n u n d g e -
w e r b l i c h e n B e t r i e b e n und die E i n b ü r g e r u n g
d e s L e u c h t - u n d K o c h g a s e s i n d e n W o h -
n u n g e n d e s M i t t e l s t a n d e s u n d d e r »k l e i n e n

1*

L e u t e«. Nach diesen beiden Richtungen hin ist von den
Leitern der städtischen Gaswerke schon allenthalben mit
mehr oder minder beachtlichen Erfolgen gearbeitet worden;
es liegen aber auf beiden Wegen erhebliche Hindernisse, deren
Überwindung viel Zeit und Mühe und, wenn ein voller Erfolg
erzielt werden soll, die Anwendung besonderer wirtschaft-
licher Maßnahmen oder technischer Hilfsmittel erfordert.
So setzt die Einbürgerung des Gases als Brennstoff in Fabriken
und Werkstätten neben beharrlicher Aufklärung der Inter-
essenten durch die Gasfachleute (und die gewerblichen
Aufsichtsbehörden) die S c h a f f u n g b i l l i g e r S o n -
d e r t a r i f e voraus, und für die Einführung von Leucht-
und Kochgas in Mittel- und Kleinwohnungen muß, wenn
man rasche und gründliche Arbeit tun will, neben der natürlich
auch da unentbehrlichen eifrigen Belehrung der zu gewin-
nenden Abnehmer auch ein technisches Hilfsmittel zur Anwendung gebracht werden, der G a s a u t o m a t.

Auf diesem Gebiet ist nämlich die Schwierigkeit zu
überwinden, daß, je geringer der voraussichtliche jährliche Gasverbrauch eines Haushalts ausfällt, um so größer
sowohl für das Gaswerk wie für den Abnehmer die Unzuträg-
lichkeiten werden, die sich aus der bisher üblichen A r t u n d
O r d n u n g d e s G a s v e r k a u f s ergeben. Für das
G a s w e r k liegen nämlich Abnehmer, deren monatlicher
Gasverbrauch nur auf 20, ja vielleicht gar nur 15 und noch
weniger Kubikmeter zu veranschlagen ist, jenseits der Grenze,
innerhalb welcher es noch einträglich ist, allmonatlich einmal
den Gasuhrstand ablesen, dann eine Rechnung ausschreiben
und zustellen und schließlich den Geldbetrag einziehen zu
lassen; der »aus der Hand in den Mund lebende« k l e i n e
A b n e h m e r dagegen nimmt Anstoß an der in den meisten
Städten üblichen und vielfach unentbehrlichen Kaution und,
auch wo diese nicht verlangt wird, jedenfalls an der Bezahlung
des Verbrauchs und der Miete für die Gasuhr in m o n a t -
l i c h e n oder gar v i e r t e l j ä h r l i c h e n g r ö ß e r e n
B e t r ä g e n, ganz abgesehen davon, daß es ihm zumeist
nicht möglich ist, die Schaffung einer Gasbeleuchtungs- und
Gaskoch-Einrichtung in seiner Wohnung durchzusetzen, da

er selbst die Kosten dafür nicht aufwenden kann oder es doch nicht mag, weil er zu allermeist nur Mieter seiner Wohnung ist und nicht weiß, wie lange Zeit er darin bleiben wird, der Hauseigentümer aber in der Regel auch nicht in der Lage oder doch nicht geneigt ist, die Kosten zu tragen.

Über diese Schwierigkeiten hat man sich nun, zuerst in England, danach auch in Deutschland und anderen Kulturstaaten, dadurch hinwegzusetzen verstanden, daß man das bei anderen Waren schon längst geübte und erprobte Verfahren des a u t o m a t i s c h e n V e r k a u f s gegen Münzeinwurf auch auf Gas ausdehnte und die altbekannte Gasuhr durch Anbau einer räumlich kleinen und konstruktiv einfachen Einrichtung aus einem bloß messenden und registrierenden zu einem zumessenden und z u g l e i c h (oder besser z u v o r) e i n k a s s i e r e n d e n Geräte machte, zum G a s a u t o m a t e n oder M ü n z g a s m e s s e r.

Das Wesen dieser hochbedeutsamen und fast beispiellos erfolgreichen Erfindung besteht darin, daß an eine gewöhnliche Gasuhr trockener oder auch nasser Bauart ein Sperrwerk angegliedert ist, welches den Durchgang von Gas durch die Uhr erst nach Einwurf einer bestimmten Münze freigibt und ihn nach Verbrauch einer entsprechenden Gasmenge wieder unterbricht. Dieses Sperrwerk sitzt in einem besonderen Gehäuse in der Regel an der Eingangsseite der Gasuhr und besteht im wesentlichen aus einem den Eintritt von Gas in die Uhr freigebenden oder abschließenden Absperrorgan (Ventil oder Schieber) und einem darauf einwirkenden Räderwerk, welches ein »Geldrad« und ein »Gasrad« enthält, von denen das erste nach Einwurf einer bestimmten Münze von außen (durch den Einwerfer der Münze mittels eines Druckknopfes oder eines Drehknebels) um ein bestimmtes Maß gedreht werden kann, während das zweite durch eine besondere Übersetzung vom Zählwerk der Gasuhr aus angetrieben wird. Die Einwirkung dieses Räderwerkes auf das Absperrorgan kommt dadurch zustande, daß das »Geldrad« dem »Gasrad« gegenüber »vorausgestellt« werden kann, ähnlich wie der Weckerzeiger an einer Weckuhr vorausgestellt wird; das »Gasrad« kommt ihm dann entsprechend dem Gasver-

brauch mehr oder minder schnell nach, und sobald eine gewisse gegenseitige Stellung der beiden Räder erreicht ist,
kommt eine zuvor gespannte Feder oder ein ähnliches Element
zum »Einschnappen«, und dadurch wird das Absperrorgan
geschlossen, ähnlich wie bei einer Weckuhr das Rasselwerk
ausgelöst wird. (Der vergleichende Hinweis auf die Weckuhr
ist deshalb besonders treffend, weil bei mehreren Bauarten
von Gasautomaten genau derselbe Auslösemechanismus verwendet ist, wie in den Weckuhren.) Gewöhnlich geht der
völligen Absperrung des Gasdurchgangs einige Minuten
vorher eine »Warnung« voraus, ähnlich dem »Ausheben«
des Schlagwerks bei einer Zimmeruhr; die Flammen werden
nämlich merklich kleiner und machen so den Gasverbraucher
darauf aufmerksam, daß die Erschöpfung der vorausbezahlten
Gasmenge bevorsteht und eine neue Münze eingeworfen
werden muß, wenn die Benutzung der Gaslampe oder des Gaskochers nicht unterbrochen werden soll. Die meisten Gas-
automatenwerke sind zur größeren Bequemlichkeit des Ab-
nehmers so eingerichtet, daß (bei Schlußstellung des Ab-
sperrorgans) eine größere Anzahl Münzen (12, 15 oder 20)
hintereinander eingeworfen werden können; außerdem sind
sie in der Regel noch mit einem Zeigerwerk ausgestattet,
woran man jederzeit sehen kann, ob und wieviel Gas noch
vorausbezahlt ist. Natürlich muß der Gasverbrauch nicht
sofort nach Einwurf des Geldes beginnen, und ebensowenig
muß die vorausbezahlte Gasmenge hintereinanderweg verbraucht werden; man kann vielmehr jederzeit Gas voraus-
bezahlen und es zu beliebig späterer Zeit benutzen, auch den
Verbrauch beliebig oft unterbrechen. Auch die Höhe des
jeweiligen Gasverbrauchs, d. h. die Zahl der gleichzeitig
brennenden Flammen, ist vom eigentlichen Automatenwerk
unabhängig und nur durch die Größe der damit verbundenen
Gasuhr beschränkt, die zumeist für drei oder fünf Normal-
flammen (d. i. 4 bis 5 bzw. 8 bis 10 gleichzeitig brennende
normale Gasglühlichter), seltener für 10 oder 20 Flammen
bestimmt ist.

Diese kurze Schilderung des Wesens und der Wirkungsweise eines Gasautomaten läßt ohne weiteres erkennen, wie

die oben geschilderten, in der bisherigen Zahlungsweise begründeten Schwierigkeiten durch die Einführung von Gasautomaten stark vermindert oder gar völlig beseitigt werden: Den G a s w e r k e n wird die Abrechnung mit den Abnehmern und die Einziehung der Geldbeträge ganz wesentlich vereinfacht, die Möglichkeit von Verlusten durch »faule Kunden« fällt fort, die Gasmessermiete wird durch Einrechnung in den Gaspreis, d. h. durch eine nach Erfahrungssätzen bestimmte Einschränkung der für die Einwurfsmünze abzugebenden Gasmenge, aufgebracht; die k l e i n e n A b n e h m e r aber bekommen eine Zahlstelle für das von ihnen verbrauchte Gas in ihre Wohnung, kaufen ihr Gas in kleinen Mengen, so wie sie vorher ihr Petroleum literweise oder halbliterweise kauften, und bezahlen es v o r dem Verbrauch, behalten also immer einen klaren Überblick über dessen Höhe, werden nie durch eine unvermutet hohe Gasrechnung überrascht und erlangen so auf leichte Art all die großen Vorteile, die das Gas im Wohnhause bietet, nämlich h e l l e s und u n b e s t r i t t e n b i l l i g s t e s L i c h t und b e q u e m e, j e d e r z e i t b e - t r i e b s b e r e i t e, r e i n l i c h e K o c h g e l e g e n h e i t.

Die in den Anschaffungskosten der Gaseinrichtung begründete Schwierigkeit haben fast alle englischen und auch die meisten deutschen Gaswerke dadurch ausgeräumt, daß sie nicht nur die Zuleitungen vom Straßenrohr bis ins Haus, sondern auch die inneren Leitungen mit allem Zubehör (Hähne, Schläuche, Leuchtbrenner und Kocher) auf ihre Kosten ausführen, dem Abnehmer also eine vollständige und betriebsfertige Anlage zur Verfügung stellen und die Verzinsung und Abschreibung des dafür aufgewendeten Kapitals durch entsprechende Einrechnung in den Gaspreis aufbringen. Ein Zuschlag von 2 bis 3 Pf. auf den Grundpreis für das Kubikmeter ist für deutsche Verhältnisse zumeist üblich und erfahrungsgemäß ausreichend; man gibt also z. B., wenn der Grundpreis 16 Pf. beträgt, dem Inhaber eines Anschlusses mit Gasautomat das Gas zu $16 + 2$ oder $16 + 3$ Pf., d. h. man läßt die Automatenwerke so einrichten, daß sie gegen Einwurf eines Zehnpfennigstückes $^{10}/_{18}$ oder $^{10}/_{19}$ cbm Gas abgeben. An manchen Orten hat es sich als möglich erwiesen, die Hausbesitzer zur Tragung der Kosten für die inneren Leitungen zu bewegen; in diesem Falle braucht der Zuschlag auf den Grundpreis nur 1 bis 1½ Pf. zu betragen.

In deutschen Städten, die bis vor etlichen Jahren fast ausschließlich zweierlei oder gar dreierlei Gaspreise (für Leuchtgas, für Kraftgas und für Kochgas) hatten, machte dieses Tarifsystem bei der Einführung von Gasautomaten Schwierigkeiten. Die kleinen Leute, denen man mit den Automaten dienen will, sollen nicht nur Leuchtgas, sondern auch Kochgas verbrauchen; z w e i Automaten für jeden Abnehmer aufzustellen, wäre aber technisch und wirtschaftlich verfehlt. Man legte daher zumeist einen Mittelwert zwischen dem Leucht- und dem Kochgaspreis zugrunde. So gab manchenorts der Gasautomat den ersten Anstoß zur E i n f ü h r u n g   d e s   e i n h e i t l i c h e n   G a s p r e i s e s, wenigstens für alles in Wohnungen verbrauchte Gas, einer Tarifgestaltung, die ohne Zweifel in naher Zukunft allgemein durchgeführt sein wird.

Wie oben bemerkt, ist der Gasautomat eine englische Erfindung; die ersten Patente auf einen »durch Münzeinwurf betätigten Gasmesser für Vorausbezahlung« (coin-fred prepayment gas meter) wurden im Jahre 1887 an W. P r i c e aus Hampton Wick und R. W. B r o w n h i l l s aus Aston erteilt. Anfangs mit lebhaftem Mißtrauen, ja geradezu mit Spott aufgenommen, fand die Erfindung doch bald die ihr gebührende Beachtung und Wertschätzung, nachdem die United Gas Company in Liverpool im Jahre 1890 mit der Aufstellung solcher Prepayment meters in großem Stile vorging und schon wenige Jahre später über sehr günstige Ergebnisse berichten konnte. Im Jahre 1892 begannen daher die Londoner Gasgesellschaften mit der Aufstellung von Gasautomaten; 1896 hatten sie schon über 120 000 Stück solcher »Freunde des kleinen Mannes« an ihre Rohrnetze angeschlossen!

In Deutschland wurden die ersten Gasautomaten im Jahre 1895 in Berlin, Dessau und Leipzig gebaut und, nachdem deren Zulassung zur amtlichen Eichung durchgesetzt war, in den Versorgungsgebieten der Englischen Gasgesellschaft in Berlin, der Deutschen Continental-Gas-Gesellschaft in Dessau und einiger besonders rühriger städtischer Gaswerke zur Aufstellung gebracht. Stetig, aber langsam, bei weitem nicht so rasch und so glänzend wie in England, vollzog sich dann die Ausbreitung der Gasautomaten im Deutschen Reich. Der mächtige Aufschwung, den der Gasabsatz durch den Siegeszug des Gasglühlichts und des Gaskochers erfuhr, ließ es vielen Stadtverwaltungen geraten erscheinen, die Entwicklung und damit den Geldaufwand für die Erweiterung der Gaswerke und der Rohrnetze nicht noch durch Einführung von Gasautomaten zu steigern; vielfach wollte man auch erst Erfahrungen über die dauernde Brauchbarkeit und namentlich über die Rentabilität der Gasautomaten abwarten. Jetzt aber veranlaßt die eingangs erwähnte Stockung in der Entwicklung ihrer Gaswerke immer mehr deutsche Stadtverwaltungen, den Gasautomaten ihre Aufmerksamkeit zuzuwenden. Diesen will die vorliegende Zusammenstellung einiger einschlägiger Aufsätze aus der Fachpresse[1]) Aufklärung über Wesen, Wirkungsweise und wirtschaftliche Bedeutung der Gasautomaten und über die in deutschen und ausländischen Städten damit erzielten Erfolge bringen und ihnen dadurch die Entschließung erleichtern.

Dessau, im September 1910.

Franz Schäfer, Oberingenieur.

---

[1]) Weiteres Material über die durch Gasautomaten erzielbaren Erfolge enthält der als Sonderabdruck von der Zentrale für Gasverwertung in Berlin N. 4, Chausseestr. 13, erhältliche Vortrag von Direktor Lempelius-Barmen: »Wie verschaffen wir dem Gas erweiterten Absatz? Einheitspreis? Gasautomaten?«

Gasverkauf durch Automaten.[1])

Von Direktor K o b b e r t , Königsberg.

Infolge der Statistik 1907 des Deutschen Vereins von Gas- und Wasserfachmännern sind bei der Gasanstalt Königsberg i. Pr. eine Anzahl Fragen bezüglich der Münzgasmesser eingegangen. Aus diesen Anfragen geht hervor, daß die Auffassungen von der eigentlichen Wirksamkeit des »Automatischen« Gasverkaufs vielfach wenig geklärt sind. Im folgenden soll daher die historische Entwicklung dieser Angelegenheit in Königsberg i. Pr. näher beschrieben werden.

Der Bericht für das Verwaltungsjahr 1898/99 der Gasanstalt Königsberg i. Pr. meldete zum erstenmal das Dasein von Automaten, Münzgasmessern, in seiner folgenden »Tabelle IV« (Tabelle I), gibt aber weiter keine Anmerkung zu den beiden Zahlen »10« und »105«.

Im nächsten Bericht 1899/00 ist die Flammenzahl der Automaten auf 306 gestiegen und wird der Gaskonsum von 92 Verbrauchern zu 13883 cbm angegeben; es wird berechnet, daß diejenigen Automaten, welche vier Quartale lang in Betrieb waren, je 270 cbm = M. 32,40 durchschnittlich pro Jahr verbrauchten.

Als die ersten eichfähigen Automaten der Gasanstalt zugänglich wurden, lagen die günstigen Berichte englischer Fachzeitungen vor über die Erfahrungen mit Münzgasmessern in England; dabei war besonders wertvoll, daß durchweg

---

[1]) Aus Journal für Gasbeleuchtung und Wasserversorgung 1909, Nr. 42, S. 913.

Tabelle I.

	Gasmesser-Flammenzahl		Zunahme
	1. IV. 98	1. IV. 99	%
Beleuchtung	41 395	44 030	+ 6,96
Kochen und Heizen · .	7 577	9 948	+ 31,29
Motoren	3 470	3 370	— 2,88
Versuchsweise	52 442	57 348	+ 9,36
davon Automaten . . .	10	105	+ 950,00

Privatgaswerke in England diese Erfolge priesen, also doch sicher der rein geschäftliche Erfolg dem Urteil zugrunde lag.

Die damals bestehenden Gasabgabebedingungen des Gaswerkes Königsberg stammten im wesentlichen aus dem Jahre 1875; sie sind am besten durch folgende Worte charakterisiert: »Mindestgasverbrauch von M. 18« — keine Gasmessermiete — Kautionsstellung für den Gasverbrauch — vierteljährliche Abrechnung. Keinerlei Erleichterungen für Installationen.

Seit 10. 3. 1886 war der Gaspreis von 16 Pf. für das Kubikmeter Leuchtgas, von 12 Pf. für das Kubikmeter Koch-, Heiz- und Motorengas eingeführt worden.

Im Jahre 1898 wurde Gas für e i n e Leuchtflamme aus 12 Pf.-Gasmessern für den Raum gewährt, in welchem mit Gas gekocht, geheizt oder Gas zu technischen Zwecken verwendet wurde.

Es war klar, daß diese Gasabgabebedingungen einer Modernisierung bedurften. 1896—1899 hatte unter dem Einfluß der Einführung des Gasglühlichts eine lebhafte Entwicklung der Gasabgabe eingesetzt. Das alte, seit 1852 allmählich nach nahezu unveränderten Grundsätzen ausgebaute Gaswerk vermochte nur unter Zuhilfenahme einer

Wassergasanstalt dieser Entwicklung zu folgen. Die Entwicklung der Stadt und die Wirtschaftlichkeit des Betriebes verlangten dringend die Verlegung dieses Gaswerks vor die Stadt. Diesem Plane standen die Festungswerke mit den Rayonbeschränkungen hinderlich im Wege. Alle diese Umstände geboten daher, die Neugestaltung der Gasabgabebedingungen bis zur Eröffnung eines neuen Gaswerks zu vertagen. Die Einführung der Automaten hatte 1897/98 daher lediglich Versuchscharakter, wurde auch nicht öffentlich bekannt gemacht. Die Zahl der Automaten wurde zunächst lediglich nach Versuchsinteressen, z. B. nach der Auswahl bestimmter Berufsstände unter den Gasverbrauchern und nach der Zahl der Automatensysteme bestimmt. Sehr bald schon drängten Konsumenten und solche, die es werden wollten, auf Nachbestellungen.

Als dann im Mai 1902 kurz vor Eröffnung des neuen Gaswerkes neue Gasabgabebedingungen bekannt gemacht wurden, da waren kurz vorher, am 1. IV. 1902, bereits Automaten mit 554 Gasmesserflammen angeschlossen.

Die neuen Gasabgabebedingungen haben etwa folgende Grundlage:

Die Forderung eines »Mindestverbrauchs« ist fortgefallen; eingeführt ist eine mäßige Gasmessermiete: 60 Pf. bzw. 75 Pf. vierteljährlich für 3 Flammen- bezw. 5 Flammen-Gasmesser. Steigeleitungen werden ohne Preiserhöhung auf Wunsch gegen mäßige Miete (Abzahlung) hergestellt. Aus 12 Pf.-Gasmessern werden 2 Leuchtflammen zu beliebiger Verwendung gespeist. Abrechnungsfrist 6 Wochen, auf Wunsch monatliche und kürzere Abrechnung. Automaten zahlen dieselbe Miete wie Gasmesser, werden vierteljährlich entleert und sind von Kautionsstellung befreit. Dazu trat neuerdings die Bestimmung, daß an die durch Koch- oder Heizapparate der Größe nach bestimmten Gasmesser neben vorgenannten zwei Leuchtflammen soviel Leuchtflammen als angängig angeschlossen werden dürfen. Für letztere wird eine Zuschlagsgebühr von 30 Pf. monatlich erhoben.

1908 wurden die Mieten der zehnflammigen und größeren Gasmesser verdoppelt, diejenigen der drei- und fünfflammigen Gasmesser und Automaten blieben unverändert.

Auch diese Bedingungen blieben dabei, die Automaten lediglich als Gasmesser mit bequemer Zahlungsweise abzugeben, damit aber die Hergabe von Leitungen, Kochern oder Beleuchtungskörpern nicht zu verbinden. Dieser Standpunkt ergab sich ganz natürlich aus den wirtschaftlichen Verhältnissen der Bevölkerung und den Interessen des »Gasgeschäfts«. Die ersteren sind gegeben durch die dreifache Eigenschaft Königsbergs als »Seehafen«, »Provinzialhauptstadt mit Universität« und »Festung« und werden durch folgende Zahlen der Wohnungs- und Steuerstatistik beleuchtet, welche dem »Statistischen Jahrbuch für die Königliche Haupt- und Residenzstadt Königsberg i. Pr. 1908« entnommen sind.

Aus Tabelle II entnimmt man, daß die Entwicklung der Stadt wesentlich durch den wirtschaftlichen Mittelstand — Beamte und Handelsangestellte — bestimmt wird; Tabelle III bestätigt, daß sechs Zehntel der Haushaltungen mehr als M. 1200 Einkommen haben, noch nicht die Hälfte zwischen M. 1200 und M. 3000.

Unter solchen Verhältnissen wird die Leistungsfähigkeit des Gaswerks aufs äußerste zur Entlastung der Steuerzahler herangezogen. Es war daher geboten, den Gasverkauf zunächst in den 3- und 4-Zimmerwohnungen zu betreiben, um das neue Gaswerk schleunigst angemessen zu belasten, ohne durch diese Propaganda zu viel Betriebsmittel festzulegen.

So wurde zunächst den Hausbesitzern und Bauunternehmern ermöglicht, mietweise die kostspieligen Steigeleitungen herstellen zu lassen; dadurch waren sie eher in die Lage versetzt, die Ausstattung der Wohnungen mit Gasleitung und Kochern zu übernehmen. Die Mieter der bezeichneten Wohnungen waren vielfach auch in der Lage, die einmaligen Kosten eines Gaskochers zu tragen, um die dauernden bekannten Vorteile der Gasküche zu erreichen. Nur ein Nachteil konnte gegen die Gasküche sprechen: Als man mit Holz, Kohlen,

Tabelle II.

Bestand der Wohnungen Ende 1905 bis 1908.

Jahre		überhaupt	Anzahl der Wohnungen mit . . . heizbaren Zimmern								mehr als 8
			1	2	3	4	5	6	7	8	
1906	überhaupt	55 798	25 472	15 862	7 750	3 234	1 691	889	508	200	192
	gegen 1905 . . . +%	4,09	0,94	6,83	7,97	7,12	5,49	5,71	2,01	2,56	1,05
1907	überhaupt	57 413	25 595	16 521	8 166	3 495	1 790	913	533	204	196
	gegen 1906 . . . +%	2,89	0,48	4,15	5,37	8,08	5,85	2,70	4,92	2,00	2,08
1908	überhaupt	58 303	25 600	16 854	8 502	3 641	1 840	915	543	206	202
	gegen 1907 . . . +%	1,55	0,02	2,02	4,11	4,18	2,79	0,22	1,88	0,98	3,06

Tabelle III.

**Die Verteilung der physischen Zensiten auf Einkommenstufen
bzw. Gruppen im Jahre 1908.**

Einkommenstufen bzw. Gruppen in M.			Zensiten		
			Zahl	unter je 1000	
über	900 bis	1 050	7 926	225,90	
»	1 050 »	1 200	5 740	163,60	
»	1 200 »	1 350	3 327	94,82	
»	1 350 »	1 500	3 034	86,47	
»	1 500 »	1 650	1 831	52,19	
»	1 650 »	1 800	1 835	52,30	388,83
»	1 800 »	2 100	1 990	56,72	
»	2 100 »	2 400	1 629	46,43	
»	2 400 »	2 700	1 148	32,72	
»	2 700 »	3 000	747	21,29	
über	900 bis	3 000	29 207	832,44	
»	3 000 »	6 500	3 823	108,96	
»	6 500 »	9 500	891	25,40	221,57
»	9 500 »	30 500	970	27,64	
»	30 500 »	100 000	173	4,93	
»		100 000	22	0,63	
zusammen über		900	35 086	1000,00	

Koks oder gar Petroleum kochte, konnte man das Brennmaterial je nach Lage der Wirtschaftskasse heranschaffen.
Der Brennmaterialbedarf der Küche wurde auch vielfach
durch den Bedarf für Stubenheizung oder den Petroleumbedarf
für Lampen verschleiert. Bezieht man nun das Gas, so wird
man — wurde vielfach erwogen — von einer großen Gasrechnung leicht überrascht und kommt in Verlegenheit. Auch die
Gaskaution erschien als einmalige drückende Ausgabe, weil die
kleinen und mittleren Haushaltungen in dem Zinsbezug keinen
genügend merklichen Gegenwert sahen. Hier konnte allein der
M ü n z g a s m e s s e r — Automat — helfend eintreten. Und

er hat diese Aufgabe glänzend erfüllt! Nach den Königs-
berger Erfahrungen ist im Gegensatz zu den englischen Ge-
pflogenheiten erwiesen, **daß der wirtschaftliche Wert der Automaten in der Zahlungsmethode liegt.** Wie schon ausgeführt
wurde, erhalten die Gasverbraucher seit 1902 je nach Wunsch
Automaten oder gewöhnliche Gasmesser; in b e i d e n Fällen
kaufen sie das Kubikmeter Gas für 16 bzw. 12 Pf. und er-
halten also für 50 Pf. $\frac{50}{16}$ cbm = 3,1375 bzw. für 10 Pf. $\frac{10}{12}$ cbm
= 833^1/$_3$ l. Es wurden nämlich fünfflammige 50 Pf.-Auto-
maten für Leuchtgas und drei- oder fünfflammige 10 Pf.-
Automaten für Kochgas aufgestellt. Für Leitungen mit Bade-
öfen wurden 10 flammige bzw. 20 flammige 12 Pf.-Gasauto-
maten mit Markeinwurf aufgestellt. In einem Falle erhielt
ein Konsument gegen besonders vereinbarte Miete einen
50-Flammenautomaten mit Markeinwurf.

Dieses Vorgehen hatte vollkommen den gewünschten Erfolg. Es wurde »öffentliche Meinung«, daß das Gas zum
Brennmaterial des »kleinen« Mannes geworden ist. Gewandte
Grundbesitzer und weitblickende Genossenschaften zogen daraus praktischen Vorteil und richteten auch Wohnungen von
zwei, ja von einem Zimmer nebst Küche zum Gasverbrauch
ein, beschafften auch die Kocher. Diese Fortschrittler be-
wirkten eine so lebhafte Nachfrage nach solchen kleinen
Wohnungen mit Gaseinrichtung, daß jetzt solche Wohnungen
ohne Gas nur schwer vermietet werden können. Und so ist
mit kurzer Übergangszeit auch das weitere Ziel der Gasabgabebedingungen von 1902 erreicht, daß die kleinsten Wohnungen
Gaseinrichtungen erhalten. Die Stadtgemeinde hat dazu nur
ganz vorübergehend Kapital für vermietete Steigeleitungen
festzulegen gebraucht. Zahlreiche solche Leitungen wurden
vor Ablauf der Mietsabkommen angekauft, die andern sind
aus den Mieten schnell abgeschrieben (vgl. Tab. IV).

Das ganze Kapital des Umsatzes an Zimmer- und Küchen-
einrichtungen ist aber im wesentlichen dem Privatgewerbe
erhalten geblieben, ohne daß das Gasgeschäft der Stadtgemeinde gelitten hat. Eine Ausstellung von Koch- und Heiz-
apparaten wird zur Unterweisung und zum gelegentlichen Ver-

Tabelle IV.

Werte der vermieteten Steigeleitungen.

1. April 1904	. . . . .	M. 20 856,57
1. » 1905	. . . . .	» 46 775,08
1. » 1906	. . . . .	» 44 407,94
1. » 1907	. . . . .	» 42 915,96
1. » 1908	. . . . .	» 35 977,51
1. » 1909	. . . . .	» 23 018,35
1. » 1910	. . . . .	» 25 283,69

kauf von der Gasanstalt unterhalten. Wie sehr die Zahlung des Gasverbrauchs durch Automaten der Wirtschaftslage weitester Bevölkerungskreise entgegenkommt, beweist auch der lebhafte Umtausch bestehender Gasmesser gegen Automaten. Dieser Umtausch war zeitweise nahezu besorgniserregend wegen der Anhäufung des Gasmesserbestandes. Aber auch diese ist vorübergegangen, die angesammelten Bestände sind längst wieder untergebracht.

Diese interessante Entwicklung geht aus Tab. V hervor.

Tabelle V.

Bestand am 1. April	16 Pf.-Gas		12 Pf.-Gas		Gasverbrauch pro Kopf der Bevölkerung
	Gasmesser	Automaten	Gasmesser	Automaten	
1902	[1]	—	[2]	139	51,46
1903	5 376	—	3 916	486	52,77
1904	5 973	38	4 312	1 950	58,90
1905	6 129	682	4 215	4 180	63,64
1906	6 303	1 172	4 308	6 486	67,55
1907	5 240	1 603	5 789	8 998	70,04
1908	5 322	2 163	6 468	11 652	76,96
1909	5 971	2 370	6 619	14 178	77,02
1910	5 889	2 416	7 220	15 885	80,72

[1] Flammenzahl: 54 487. [2] Flammenzahl: 17 877 (Automatenflammenzahl 554).

Die Steigerung des Gasverbrauchs pro Kopf der Bevölkerung ist um so erfreulicher, wenn man bedenkt, daß 1905
eine beträchtliche Zunahme der Bevölkerung durch Eingemeindung eintrat. Auch wurde der Tarif des städtischen Elektrizitätswerkes seit 1902 wiederholt verbilligt.

Der 16 Pf.-Gasverbrauch der Tabelle VI wäre vielleicht in
derselben Zeit zu einem großen Teil auch von gewöhnlichen
Gasmessern verkauft worden. Die Bezahlung hätte aber viel
Zeit, Geld und Ärgernis gekostet.

Tabelle VI.
Gasverbrauch der Automaten.

Jahr	16 Pf.-Gas	12 Pf.-Gas	Durchschnittl. p. Automat
1899	—	13 883	150,9
1900	—	31 700	259,9
1901	—	53 093	379,0
1902	—	79 046	342,0
1903	12 798	433 465	249,0
1904	164 243	1 148 373	264,6
1905	395 744	2 549 330	407,6
1906	546 613	2 964 051	384,5
1907	674 506	3 977 354	381,0
1908	693 048	4 852 565	365,3
1909	662 139	5 934 389	371,9
Summa	3 149 091	22 037 249	—

Von dem 12 Pf.-Gasverbrauch der Tabelle VI kann man
sagen, daß er in dieser Zeit überhaupt nicht ohne Automaten
erreicht worden wäre. Im Jahre 1908 mit seiner Wirtschaftskrisis wäre ohne die Gasabgabe aus 12 Pf.-Automaten sogar
ein Rückgang im Gasverkauf eingetreten. Die Zunahme dieser Konsumart deckte allein den Rückgang der anderen Verbrauchsarten und brachte noch eine Zunahme der Gesamtgasabgabe von + 2,32 %. In der Tat ist der Gasautomat für
weite Volkskreise erst das Mittel geworden, Gas brennen zu

können und damit gewisse Einschränkungen im Haushalt vornehmen zu können oder Zeit zum Nebenerwerb zu gewinnen. Das bringt eine nützliche Stetigkeit in den Gasverbrauch der verschiedenen Jahre, während sonst das Beleuchtungsgas in Jahren schlechten Geschäftsganges zuerst zur Einschränkung der Geschäftsunkosten beitragen muß.

Zu diesem mittelbaren Vorteil und zu der wohltätigen Einwirkung auf die wirtschaftlichen Verhältnisse der Bevölkerung kommt ein ansehnlicher finanzieller Erfolg. Wie schon gesagt wurde, zahlen gewöhnliche Gasmesser und Automaten dieselbe Gasmessermiete; das war schon nötig, um jedem Mißtrauen zu begegnen, als sollte die Entnahme von Gas aus Automaten etwas Minderwertiges sein, oder als sollten die Voiteile durch besondere Leistungen aufgezehrt werden. Nun soll die Gasmessermiete im allgemeinen mindestens dem Abschreibungsbetrage (z. B. 10 % vom Anschaffungswerte) jedes Gasmessers entsprechen. Da nun Gasautomaten nahezu doppelt soviel kosten wie gewöhnliche — trockene — Gasmesser, so müßte demnach die Miete — bei gleicher Leistung beider Konsumentengruppen — für Automaten doppelt so hoch sein als für Gasmesser gewöhnlicher Bauart, wenn beide sonst die gleichen Unkosten verursachen. Es kostet aber der in Königsberg eingeführte Geschäftsgang — und dieser ist nicht teurer als der sonst auch noch übliche — gerechnet von der Ablesung des Gasmesserzifferblattes bis zur Ablieferung des Geldes an die Kasse — für einen gewöhnlichen Gasmesser fast genau doppelt soviel als für einen Automaten. Addiert man nun Abschreibungsbetrag (vom ursprünglichen Inventarisationswert alljährlich berechnet) und Verwaltungskosten und zieht von beiden Summen die gleiche Gasmessermiete ab, so verbleibt zuungunsten des Automaten allenfalls ein Betrag von nicht ein Prozent des Anschaffungswertes. Selbst abzüglich dieses Betrags und weiterer 4 % des Anschaffungsmehrwertes eines Automaten beträgt die Netto-Einnahme, nach der durchschnittlichen Gasabgabe pro Automatenjahr (laut Tab. VI) berechnet, über 45 % des Anschaffungsmehrwertes! Dazu darf ferner nicht unberichtet bleiben, daß die relative Konsumbelastung (pro Gasmesserflamme gerechnet) wesentlich höher ist als diejenige der zehnflammigen und größeren Gasmesser.

Selbstverständlich muß in den Gasabgabebedingungen die Verpflichtung enthalten sein, daß der Gasverbraucher für die Differenz zwischen dem Wert des abgelesenen Gasverbrauchs und dem in der Automatenkassette vorgefundenen Geldbetrage haftet, also z. B. entwendetes Geld nachzuzahlen hat. Bis zum Jahre 1905 kamen Entwendungen überhaupt nicht vor. Dann sind Entwendungen festgestellt und wegen Einziehung der Fehlbeträge verfolgt worden:

	1905	1906	1907	1908
in ca.	162	136	402	582 Fällen.

Dank vorerwähnter Bestimmung hat aus diesen Vorgängen die Stadtgemeinde so gut wie keinen Schaden gehabt. Einer Automaten-Netto-Einnahme gegenüber von rund M. 660 000 in den Jahren 1899 bis 1908 und gegenüber einem Gasverkauf von M. 693 195,48 (netto rund M. 194 000) im Jahre 1908 allein sind noch nicht M. 200 Forderungen in einem Jahr niedergeschlagen worden.

Neuerdings versieht nun die hiesige Gasmesserfabrik Lußmann & Ebeling ihre Automaten mit einem von außen nicht sichtbaren pneumatischen Verschluß, der es den »Gelegenheitsdieben« wenigstens unmöglich macht, zur Geldkassette zu gelangen.

Aber auch schon das gewöhnliche Vorhängschloß mit kunstvollem Schlüssel erschwert die Entwendung so sehr, daß die genannte sehr kleine Verlustsumme auf Null zurückgeht, sobald alle Automaten mit einem der beiden Verschlüsse versehen sein werden; bis vor kurzem wurden Kassettenbehälter und die Kassetten — nur mittels Stahlplombe und vierfarbiger Schnur — plombiert.

Von der Ersparnis an Verwaltungskosten beim Einziehen des Gaszinses wurde in früheren Jahren etwas verbraucht für vermehrte Auswechselung von Automaten gegen Gasmesser infolge von Betriebsstörungen im eigentlichen Automatenwerk. Sämtliche beteiligten Gasmesserfabriken haben diesen »Kinderkrankheiten« die sorgfältigste Beachtung

angedeihen lassen. Daher sind denn auch Betriebsstörungen
selten geworden und können meist auf unrichtige Behandlung
zurückgeführt werden, obwohl die heutige Handhabung des
Geldeinwurfs kaum noch vereinfacht werden kann. Diese
Handhabung stellt an die Aufmerksamkeit der Konsumenten
wirklich sehr geringe Anforderungen.

Auch die Bedienung der Automaten mit minderwertigen
oder wertlosen Münzen oder Metallstücken hörte bald auf,
als man merkte, daß die Gasanstalt sich jedesmal pünktlich
mit dem höflichen Ersuchen um Umtausch einstellte. Es darf
indessen nicht verschwiegen werden, daß auch höherwertige
Geldstücke — z. B. Goldstücke — in den Kassetten gefunden
und nach Abzug des schuldigen Betrages zurückerstattet
wurden.

Dieser ganze Dienst beansprucht aber nicht annähernd
die Mühe, Personal und Schreibarbeit, wie die Kautionen
und die Restantenverfolgung bei den Gasmesserkonsumenten.
Damit kommen wir zur Beschreibung der Automatenab-
rechnung.

Die hierfür üblichen Methoden kann man in die beiden
Klassen zusammenfassen:

a) Abrechnung an der Verbrauchsstelle,
b)   „   auf der Gasanstalt.

Bei der Methode a gehen Kassierer von Automat zu
Automat, öffnen den Kassettenbehälter, entnehmen die Kassette und entleeren sie im Beisein des Konsumenten. Hierbei
werden gleichzeitig etwaige Fehlbeträge nach dem Gasmesser-
zifferblatte festgestellt und bezahlt. Der Kassierer stellt die
Kassette wieder ein, schließt den Behälter, notiert den Gasmesserstand — wohl auch Geldzeigerstand — und geht weiter.
Dieser Kassierer rechnet mit der Gasanstaltskasse auf Grund
der Gasmesserstände ab und ist sozusagen der eigentliche
Zahlungspflichtige der Gasanstalt gegenüber. Diese Kassierer
werden durch Kontrolleure beobachtet, welche ihnen nach-
gehen und gleichfalls die Gasmesserstände notieren. Auffällige
Abweichungen zwischen zwei in kurzer Zeit aufeinander-
folgenden Ablesungen hat der Kassierer aufzuklären. Diese

Methode ist in Privatbetrieben vielfach angewendet. Ihr läßt sich der Vorteil radikaler Einfachheit nicht abstreiten; ihre Bewährung ist schwer statistisch faßbar. Jedenfalls ist es theoretisch möglich, in kleinen Einzelposten im Laufe der Zeit große Summen zu veruntreuen. Es wird angegeben, daß etwa tausend Automaten durch einen Kassierer bei vierteljährlicher Abrechnung bedient werden können. Eine wirksame Kontrolle wird für ein bis zwei Kassierer einen Kontrolleur erfordern. Gasmessermiete, Kochermiete etc. werden in der Regel durch erhöhten Gaspreis eingezogen. Der Erfolg dieser Methode ist vornehmlich Personalfrage und Sache der richtigen Abschätzung zwischen Wagnis und Kontrollkosten.

Da städtische Verwaltungen die Organisation ihrer Kassengeschäfte von einer solchen Abschätzung nicht abhängig machen dürfen — vielmehr dieselben Sicherungsforderungen stellen wie die Kassenverwaltung des Staates, so kann diese Methode zunächst weniger empfohlen werden als die zweite, solange diese zweite Abrechnungsart nicht teurer ist.

Nachdem sich der Gasverkauf durch Automaten in Königsberg ganz langsam aus längerer Versuchszeit entwickelt hatte, mußten bei der Kassierung der Gelder alle Sicherungen geschaffen sein, mit welchen die Bezahlung des Gasverbrauchs der Gasmesser umgeben ist.

Hiernach hat sich folgender Geschäftsgang entwickelt: Durch eine Nachweisung der einzuziehenden Automatenmieten ist im Bureau die Zahl der Revisionen vorher bestimmt. Diese Nachweisung erhält ein Kassenbote, welcher sonst auch mit der Einziehung von Gasrechnungen betraut ist. Dieser Kassenbote macht seinen Rundgang in Begleitung eines Gasmesserablesers und eines Arbeiters, welcher einen auf Automobilrädern laufenden eisernen Kassettenwagen schiebt. Dieser Wagen hat Riegel- und Schnepperschloß nach Art der Postwagen und vermag ca. 200 Kassetten in seinen Fächern aufzunehmen. In diesen Wagen zählt abends ein Beamter des Automatenbureaus eine bestimmte Anzahl plombierter Kassetten ein. Im Revier morgens angelangt, entnimmt der Gasmesserableser für ein Haus eine Anzahl Kassetten und trans-

portiert sie in einem Drahtkorb. Bei jedem Konsumenten
zieht der Kassenbote gegen Quittung die Automatenmiete ein,
der Gasmesserableser notiert im Beisein des Kassenboten
Gasmesserstand und Kassenzeigerstand, öffnet den Kassettenbehälter, notiert die Kassettennummer, setzt eine leere — aber
auf der Gasanstalt plombierte — Kassette ein, schließt den
Behälter und setzt die gefüllte Kassette in den Drahtkorb.
Dieselbe Tätigkeit vollzieht sich beim nächsten Konsumenten usf. Nach etwa sechs- bis siebenstündiger Arbeit ver-
schließt der Kassenbote den Wagen und geht andern Ge-
schäften nach. Der Gasmesserableser begleitet den Wagen
zur Gasanstalt, wo ein Kassenbeamter die plombierten Kassetten dem Wagen entnimmt.

Für jeden Automaten wird ein Konto ebenso wie für
jeden Gasmesser geführt. In dieses Konto gehen die Auf-
zeichnungen des Gasmesserablesers über und werden Gasverbrauch und Soll-Geldbetrag im Konto berechnet. Hiervon
unabhängig werden von andern Angestellten die Kassetten
geöffnet und ihr Inhalt gezählt, der Befund mit der Kassettennummer notiert. Die Summe der aufgezählten Gelder wird
an die Kasse abgeliefert. Eine Geldzählmaschine vereinfacht
hierbei den Arbeitsaufwand wesentlich. Die einzelnen Be-
träge werden mittels der Kassettennummer und des Ableser-
buches in den Kontis der Automaten aufgesucht, mit den er-
rechneten Sollbeträgen verglichen und Differenzen verfolgt.
Nachforderungen werden jedoch nur erhoben, wenn der Gasmesser defekt war oder nachweislich Diebstahl vorliegt.

Die Kosten dieses Verfahrens sind halb so hoch wie
diejenigen des Einziehungsverfahrens bei den Gasmessern.
Die beteiligten Angestellten wechseln beständig mit ihrer
Arbeit das Revier. Alle Kassenboten der Gasanstalt nehmen an
dem Dienst bei den drei Kassettenwagen in unbestimmter
Reihenfolge teil, so daß nahezu ein Jahr vergeht, ehe ein
Kassenbote diese Tätigkeit in demselben Revier zum zweiten-
mal ausübt. Der Kassenbote ist Beamter und in erster Reihe
für die Abfertigung am Standort des Automaten verantwort-
lich. Vergleicht man Raum, Papierverbrauch und Personen-
zahl dieser ganzen Automatenbearbeitung im Bureau mit den

Ansprüchen der Gasmesser, so fällt es auf, wie sehr auch hier wieder gespart wird. Diese Ersparnis wiegt reichlich die vorerwähnte Mehrausgabe von 1 % des Automatenwertes auf, die ohne Berücksichtigung von Bureauaufwand berechnet wurde.

Die Summe der Erfahrungen im Automatenvertrieb ist jedenfalls der Beweis, daß selten der Vorteil von Käufer und Verkäufer so Hand in Hand gehen wie bei dieser Methode des Gasverkaufs.

Die Vereinigung der Automaten mit vermieteten Gaseinrichtungen — Miete oder Abzahlung liegen immer vor, wo Automaten weniger Gas für den Tarifpreis abgeben als Gasmesser — ist kein Erfordernis. Der Vorzug des Automaten liegt in der Zahlungsmethode.

Dieser Vorzug ist allerdings auch ein zugkräftiges Mittel, Mieter für Gaseinrichtungen zu werben und dadurch ein lukratives Erwerbsgeschäft mit dem Gasgeschäft zu vereinigen.

Tabelle VII.

Flammen-zahl	16 Pf.-Gas		12 Pf.-Gas	
	Gasmesser	Automaten	Gasmesser	Automaten
3	1 942	—	4 824	14 289
5	2 048	2 261	748	623
10	1 204	131	1 002	856
20	288	23	501	117
30	120	—	62	—
50	114	1	31	—
60	33	—	11	—
80	30	—	16	—
100	47	—	6	—
150	35	—	6	—
200	20	—	7	—
300	8	—	3 .	—
400	—	—	2	—
1 300	—	—	1	—
1 500	—	—	—	—
Summe	5 889	2 416	7 220	15 885

Das Geschäft der Vermietung von Gaseinrichtungen oder einzelner Apparate ist eine Notwendigkeit für den Gasverkauf nur dort, wo anders an die beteiligten Konsumentenkreise nicht heranzukommen ist.

Der Automatenvertrieb in Königsberg hat bis zum Schluß des Verwaltungsjahres 1909 zu der aus Tab. VII ersichtlichen Verteilung der Gasmesser- und Automatenzahl geführt.

Dem Verwaltungsberichte 1907 ist zu entnehmen, daß auch das wirtschaftliche Ergebnis der im Jahre 1902 neu erbauten Gasanstalt auf dem geschilderten Wege aufs günstigste gefördert wurde.

Das Anlagekapital des neuen Werks betrug M. 9 217 491,68.

In den ersten fünf »Volljahren« 1903 bis 1907 einschl. hat das Gaswerk n e b e n seinem Erneuerungsfonds 70,76 % dieses Kapitals aufgebracht, und zwar an Schuldenzinsen, Abschreibungen, Kosten der öffentlichen Straßenbeleuchtung (ausschl. elektrischer Beleuchtung), Straßenmiete. 1908 betrug der Bruttogewinn M. 73,49 pro 1000 cbm Gasabgabe, 1909 ist diese Zahl auf fast M. 80,— gestiegen.

»Eins schickt sich nicht für alle«, das darf nach den vorstehenden Erörterungen gewiß auch nicht vergessen werden. Der Gasverkauf durch Automaten läßt sich aber zweifellos so mannigfaltig ausgestalten, daß er sicher »jedem Gaswerk etwas bringen dürfte«.

Königsberg i. Pr., Oktober 1909.

Ergänzt im Oktober 1910.

Gasautomaten in England — und in Deutschland.[1]

Von Franz Schäfer, Oberingenieur in Dessau.

Vor reichlich zwölf Jahren wurde in diesen Blättern [2])
wiederholt darauf hingewiesen, daß in London und überhaupt
in England der Gasverbrauch unvergleichlich stärker entwickelt sei als in Deutschland, und daß drüben mit der im
Jahre 1890 begonnenen Einführung der G a s a u t o m a t e n
die Erschließung neuer, vorher zumeist völlig brachliegender
Gebiete im Absatzfelde der Gaswerke in Angriff genommen sei.
Die beim Vergleich mit deutschen Verhältnissen daran ge-
knüpften Erörterungen und Hoffnungen wurden von manchen
deutschen Gasfachmännern mit Zweifel und Widerspruch aufgenommen; namentlich wurde die Möglichkeit einer erheb-
lichen weiteren Steigerung der Konsumentenzahl und des
relativen Gasabsatzes in England und die Rentabilität der Gas-
automatenanlagen bestritten. In der Tat mußte ja auch ein
Gasabsatz von 150 bis 180, ja 200 und mehr Kubikmeter pro
Einwohner und Jahr dem deutschen Gasfachmann damals als
ein Erfolg erscheinen, der nur durch besonders günstige Vorbedingungen, wie ungewöhnlich niedrige Gaspreise, üppige
Straßenbeleuchtung, Blühen von Handel und Gewerbe, Fehlen
oder Unzulänglichkeit elektrischen Wettbewerbs u. a. m., er-
klärlich war, und mußte der Gedanke, daß mit 15 bis 18, ja
sogar 20 Gasabnehmern unter je 100 Einwohnern [3]) englischer

---

[1]) Aus Journal für Gasbeleuchtung und Wasserversorgung
1909, Nr. 47, S. 1017.
[2]) Journ. f. Gasbel. 1896, S. 781, und 1897, S. 233.
[3]) In Glasgow kam im Jahre 1892 ein Gasabnehmer auf 4,88 Einwohner.

Städte der Sättigungsgrad erreicht sei, sich förmlich auf-
drängen.

Nun hat England seither mehrere Industrie- und Handels-
krisen durchgemacht, darunter eine sehr schwere, noch heute
nicht überwunden; der Wettbewerb der Elektrizität ist allenthalben mit voller Schärfe und mit beträchtlichem Erfolg auf-
getreten, und obendrein hat sich im letzten Jahrzehnt erst
so recht der Übergang von der offenen Flamme zum gas-
sparenden Glühlicht vollzogen, ein Übergang, der bei uns in
Deutschland wegen der viel kleineren Anzahl umzuwandelnder
Brenner nicht entfernt so schwerwiegende Folgen gehabt
hat wie drüben. Es erschien daher der Mühe wert, n e u e r e
Z a h l e n ü b e r d e n G a s v e r b r a u c h u n d d i e A n-
s c h l u ß b e w e g u n g i n e n g l i s c h e n S t ä d t e n und
namentlich über den A n t e i l d e r G a s a u t o m a t e n
an den in diesen Beziehungen gemachten Fortschritten zu-
sammenzustellen und sie mit den früheren Werten in England
und den heutigen Verhältnissen in Deutschland in Vergleich zu
setzen. Da Deutschland in der Entwicklung des Gasverbrauchs stets um etwa zwei Jahrzehnte hinter England zurück-
stand, so lassen die Zahlen einen Schluß darauf zu, w a s b e i
u n s n o c h z u l e i s t e n u n d — z u e r r e i c h e n i s t!

Nehmen wir zunächst L o n d o n.

Im Jahre 1896 hatten die drei Gasgesellschaften, die das
Gebiet der Metropole versorgen, eine Gasabgabe von zusammen
885 000 000 cbm und etwas über 395 000 Gasuhren im Anschluß, darunter rd. 95 000 Gasautomaten. Die zwölf Gesellschaften, die sich in die Gasversorgung der Londoner Vororte
teilen, stellten damals rd. 160 000 000 cbm Gas her und hatten
83 000 Gasuhren im Anschluß, darunter etwa 23 000 Gasautomaten. »Groß-London« hatte also damals nicht ganz 480 000
Gasanschlüsse, davon beinahe 120 000 mit Gasautomaten, und
einen Gasverbrauch (einschl. Verlust) von 1 045 000 000 cbm.
Es entfiel ein Anschluß schon fast auf jeden z w ö l f t e n Einwohner, und die Gasabgabe belief sich auf beinahe 170 cbm
pro Einwohner und Jahr.

Im Jahre 1908 dagegen hatten die drei »Metropolitan«-Ge-
sellschaften eine Gasabgabe von zusammen 1 130 000 000 cbm

und die zwölf »Suburban«-Gesellschaften eine solche von 348 000 000 cbm, »Groß-London« also einen Verbrauch (einschl. Verlust) von 1 478 000 000 cbm. Angeschlossen waren Ende Dezember 1908 in der eigentlichen Stadt 988 364 Gasuhren, d a r u n t e r 602 414 A u t o m a t e n, in den Vororten 357 382 Gasuhren, d a r u n t e r 203 721 A u t o m a t e n, im ganzen also 1 345 746 Gasuhren, d a r u n t e r 806 135 A u t o - m a t e n. Bei einer Einwohnerzahl von rd. 8 000 000 entfiel also schon auf jeden s e c h s t e n Einwohner eine Gasuhr, und der Gasverbrauch stellte sich auf beinahe 185 cbm pro Kopf und Jahr.

Im Laufe der letzten zwölf Jahre ist also der Gasverbrauch um 41,6 %, d. i. durchschnittlich nicht ganz 3½ % pro Jahr, gestiegen, die Zahl der gewöhnlichen Gasuhren um rd. 50 %, d. i. durchschnittlich 4 % pro Jahr, d i e Z a h l d e r G a s - a u t o m a t e n h i n g e g e n u m m e h r a l s 570 %, d. i. d u r c h s c h n i t t l i c h 47,6 % p r o J a h r!

Man sieht aus diesen Zahlen sofort, daß die Gasauto- maten in London das vor zwölf Jahren anscheinend schon voll bebaute Absatzfeld der Gaswerke i n g e r a d e z u v e r - b l ü f f e n d e r W e i s e w e i t e r e r s c h l o s s e n und den Gasgesellschaften reichlichen Ersatz für die durch den Über- gang zum Gasglühlicht und durch den Wettbewerb der Elek- trizität herbeigeführten Einbußen am Gasabsatz geschaffen haben. Sie zeigen aber auch, wie außerordentlich beliebt die Gasautomaten, diese»F r e u n d e d e s k l e i n e n M a n n e s«, wie sie ein weitblickender englischer Gasfachmann schon vor anderthalb Jahrzehnten nannte, in den weiten Kreisen der Londoner Bevölkerung geworden sind, denen s i e erst die An- nehmlichkeiten des Gaslichtes und des Gasherdes zuteil werden lassen.

Noch auffallender tritt die Bevorzugung der Gasautomaten in London hervor, wenn man die Entwicklung der Anschlüsse n u r i n d e n l e t z t e n s i e b e n J a h r e n betrachtet, die auf nachstehender Fig. 1 nach dem in F i e l d s »Analysis«[1])

---

[1]) F i e l d s ›Analysis of the accounts of the principal gas under- takings in England, Scotland and Ireland‹ erscheint alljährlich bei Eden Fisher & Co. in London.

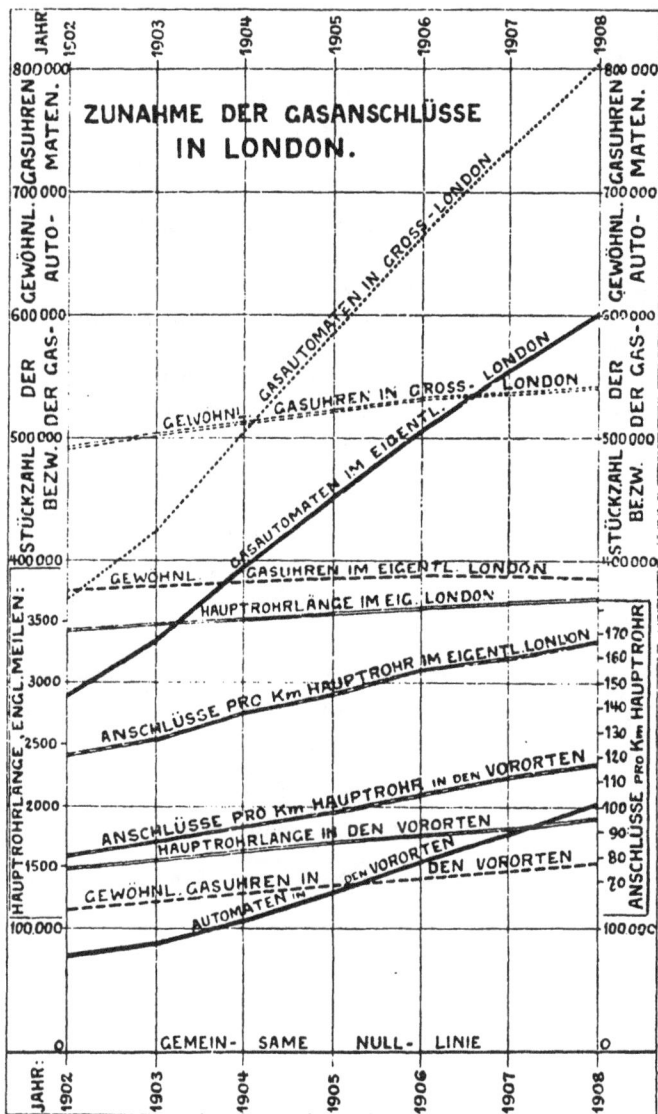

ZUNAHME DER GASANSCHLÜSSE
IN LONDON.

Fig. 1

der betr. Jahre enthaltenen, ungemein wertvollen Zahlenmaterial mit einigen Linien dargestellt ist.

Man sieht, daß die Zahl der Gasautomaten diejenige der gewöhnlichen Gasuhren in der eigentlichen Stadt schon im Jahr· 1903, in den Vororten im Jahre 1905 überholte und seither hier wie dort stetig und stark zunimmt, während die Zahl der gewöhnlichen Gasuhren in den Vororten nur langsam wächst, in der inneren Stadt aber stillsteht, seit 1906 sogar etwas abnimmt, hauptsächlich wohl deshalb, weil manche Konsumenten teils freiwillig, teils auf Betreiben der Gesellschaften von gewöhnlichen Gasuhren zu Automaten übergehen.

Ähnliche, wenn auch noch nicht so stark zugunsten des Gasautomaten vorgeschrittene Verhältnisse finden sich in fast allen großen und mittleren Städten Großbritanniens. F i e l d s »Analysis« gibt regelmäßig die Zahlen von zwölf [1]) kommunalen und zehn [2]) privaten Gasunternehmen in England, Schottland und Irland. Es würde zu weit führen, die Entwicklung der Anschlußwerte in den betr. Städten im einzelnen wiederzugeben; summarisch gestaltete sie sich, wie aus folgender Tabelle ersichtlich:

An die elf kommunalen Gaswerke waren angeschlossen

Im Jahre:	1902	1903	1904	1905	1906	1907	1908
gewöhnliche Gasuhren:	688 798	728 686	739 814	750 946	761 204	765 711	770 917

Zuwachs in den sieben Jahren: 82 119 Stück $\sim$ 12 %

Gasautomaten:	133 751	151 760	169 306	188 231	216 093	249 183	272 409

Zuwachs in den sieben Jahren: 138 658 Stück $\sim$ 104 %.

Die jährliche Gasproduktion dieser elf Gaswerke stieg in dieser Zeit von 832 000 000 cbm auf 934 000 000 cbm, also um wenig mehr als 12 %.

---

[1]) Davon ist eines (Leeds) erst seit kurzem in die Liste eingereiht und daher in nachstehender Tabelle nicht berücksichtigt worden.

[2]) Davon stellt eines (Sheffield) keine Gesautomaten auf, mußte also ausgeschieden werden.

An die neun privaten Gaswerke waren angeschlossen

im Jahre:	1902	1903	1904	1905	1906	1907	1908
gewöhnliche Gasuhren:	228 021	231 776	236 469	244 527	251 955	258 776	262 906

Zuwachs in den sieben Jahren: 34 885 Stück ∞ 15 %

Gas- automaten:	63 024	81 187	98 818	119 260	140 451	154 849	169 843

Zuwachs in den sieben Jahren: 106 819 Stück ∞ 170 %.

Die jährliche Gasproduktion dieser neun Gaswerke stieg in dieser Zeit von 337 000 000 cbm auf 451 000 000 cbm, d. i. um ∞ 35 %.

Man sieht aus dieser Tabelle ohne weiteres, daß bei den 20 behandelten Gaswerken britischer Großstädte der Gasautomat weitaus am meisten zur Vermehrung der Anschlüsse und zur Hebung des Gasabsatzes beigetragen hat. Die Gesamtzahl der an die 36 in Fields »Analysis« berücksichtigten Gaswerke angeschlossenen Gasautomaten belief sich Ende 1908 auf 1 248 387 Stück und die der gewöhnlichen Gasuhren auf 1 362 168 Stück. Man kann ruhig annehmen, daß der kleine Vorsprung der letzteren noch im laufenden Jahre von den Automaten eingeholt werden wird.

In den mittleren und kleinen Städten Englands hat die Einführung der Gasautomaten zumeist etwas später eingesetzt, ist dann aber mit annähernd gleichem Erfolg vor sich gegangen wie in den Großstädten. Das »Gas Works Directory«[1], eine Liste der britischen Gaswerke mit kurzen statistischen Angaben, verzeichnet in seinem letzten Jahrgang (1908/09) bei dutzenden von kleinen und mittleren Gaswerken eine ebenso große oder sogar noch größere Anzahl von Gasautomaten als von gewöhnlichen Gasuhren; insgesamt weist es, von London und den anderen in Fields »Analysis« behandelten Städten abgesehen, noch über 1 300 000 Gasautomaten nach. Es gibt somit gegenwärtig in Großbritannien über 2½ Millionen Gasautomaten! Vor zwölf Jahren betrug ihre Anzahl schät-

---

[1] »The Gas Works Directory and Statistics«, erscheint alljährlich bei Hazell, Watson and Viney, London.

Ort	Ein-wohner-zahl	Anzahl der Gasabnehmer			Gasabgabe	
		unter 100 Einw.	ins-gesamt	mit Gas-auto-maten	insgesamt cbm	pro Kopf cbm
Accrington. . . .	90 000	*21,5*	19 320	5 785	12 271 000	*136*
Altrincham . . .	28 000	*22,1*	6 199	2 119	5 292 000	*189*
Ashford	13 200	*17,2*	2 264	1 122	1 888 000	*143*
Aylesbury	10 500	*18,5*	1 940	1 300	1 494 000	*142*
Barking	21 547	*28,6*	6 159	4 600	4 185 000	*195*
Barnard Castle .	4 421	*22,8*	1 006	376	959 000	*217*
Bath	75 000	*20,1*	15 801	6 680	17 886 000	*238*
Beverley.	14 000	*20,6*	2 893	1 657	2 094 000	*150*
Birkenhead . . .	118 441	*22,7*	26 814	14 823	23 005 000	*195*
Birmingham . .	850 000	*15,8*	134 696	62 476	207 883 000	*244*
Blackburn	130 000	*26,9*	35 000	17 375	20 376 000	*157*
Blackpool	55 000	*24,8*	13 623	3 000	15 027 000	*273*
Bolton	200 000	*23,2*	46 526	11 394	28 923 000	*145*
Bournemouth . .	100 000	*19,5*	19 533	10 460	19 807 000	*198*
Brentford	335 000	*23,6*	78 953	47 907	81 108 000	*242*
Bristol	375 000	*14,0*	52 596	20 640	76 000 000	*203*
Burnley	100 000	*25,3*	25 344	12 445	19 560 000	*196*
Bury	62 000	*21,5*	13 378	3 049	11 800 000	*190*
Cambridge . . .	52 000	*18,3*	9 592	3 584	10 584 000	*203*
Canterbury . . .	25 000	*20,3*	5 067	2 839	4 726 000	*190*
Carlisle	55 900	*20,4*	11 430	5 042	8 886 000	*160*
Cheltenham . . .	55 000	*21,6*	11 868	6 855	13 379 000	*243*
Chester	40 000	*20,8*	8 158	4 278	7 103 000	*178*
Cleckheaton . .	14 000	*26,2*	3 670	1 720	3 128 000	*223*
Cockermouth . .	5 464	*22,2*	1 211	356	733 000	*134*
Colne	27 000	*23,2*	6 371	3 519	4 491 000	*166*
Coventry	90 000	*19,8*	17 714	9 654	22 892 000	*254*
Croydon	160 000	*21,0*	33 643	16 477	36 591 000	*228*
Darlington. . . .	51 000	*24,0*	12 226	5 248	10 414 000	*205*
Darwen	41 000	*25,0*	10 219	2 156	6 254 000	*152*
Derby	150 000	*17,6*	26 353	13 153	26 320 000	*175*
Dewsbury	42 260	*27,4*	11 600	4 000	6 700 000	*158*
Doncaster	43 000	*20,5*	8 808	4 232	6 283 000	*146*

Ort	Ein-wohner-zahl	Anzahl der Gasabnehmer			Gasabgabe	
		unter 100 Einw.	ins-gesamt	mit Gas-auto-maten	insgesamt cbm	pro Kopf cbm
Eastbourne . . .	51 000	16,8	8 564	4 136	12 828 000	251
Exeter	50 570	18,7	9 458	8 639	8 750 000	173
Folkestone . . .	30 600	22,4	6 865	3 421	7 867 000	257
Gloucester. . . .	46 000	21,0	9 643	4 000	9 877 000	215
Grantham	20 000	20,2	4 049	2 452	2 844 000	142
Guildford	26 000	15,4	4 000	2 020	5 136 000	198
Halifax	113 000	25,5	28 814	4 219	24 972 000	221
Harrogate	30 000	30,0	9 002	3 187	8 080 000	269
Hereford	21 382	18,5	3 966	2 161	3 702 000	173
Hessle	5 500	19,9	1 086	594	840 000	153
Hinckley . . .	12 000	21,2	2 551	1 128	2 082 000	173
Honley	5 380	21,6	1 160	440	764 000	142
Horley	5 000	25,8	1 289	624	1 140 000	228
Huddersfield . .	100 000	27,6	27 614	14 717	20 517 000	205
Hull	200 044	16,9	33 867	15 372	34 810 000	174
Ilford.	60 000	18,9	11 370	5 304	9 896 000	165
Ipswich	70 000	20,6	14 448	10 051	12 647 000	180
Keighley.	50 000	26,9	13 455	4 344	9 339 000	186
Kendal.	14 200	23,3	3 302	1 495	2 431 000	171
Keswick	4 451	24,5	1 091	566	600 000	135
Kidderminster .	28 900	18,3	5 288	2 903	5 606 000	173
Kingston on Th.	50 000	22,5	11 270	4 230	15 446 000	309
Leeds	463 500	24,3	112 724	42 524	92 371 000	200
Leicester	253 000	22,5	56 995	32 373	58 355 000	230
Leominster . . .	4 900	17,2	845	408	778 000	158
Liverpool	750 000	15,7	118 000	49 793	120 000 000	160
Luton	40 000	24,7	9 900	4 370	9 676 000	242
Lytham	9 500	24,5	2 325	428	2 050 000	216
Maidenhead. . .	13 000	27,8	3 614	2 000	2 773 000	213
Maidstone	50 000	22,9	9 457	5 824	9 424 000	188
Malvern	18 000	20,8	3 750	1 750	3 680 000	204

Ort	Ein-wohner-zahl	Anzahl der Gasabnehmer			Gasabgabe	
		unter 100 Einw.	ins-gesamt	mit Gas-auto-maten	insgesamt cbm	pro Kopf cbm
Manchester . . .	750 000	22,8	170 938	56 368	158 200 000	211
Margate	23 000	26,7	6 135	2 773	8 660 000	376
Marlborough . .	4 323	16,1	695	286	852 000	197
Marsden	4 370	20,9	915	379	821 000	190
Mill Hill . . .	30 000	17,9	5 294	1 816	5 094 000	170
Nelson	55 000	21,4	11 758	4 951	8 520 000	155
Newcastle o. T..	300 000	34,8	104 312	55 456	94 815 000	316
Northampton . .	95 000	19,4	18 300	10 203	18 876 000	198
Nottingham . . .	300 000	23,0	69 090	28 848	59 665 000	199
Ossett	18 000	39,1	7 045	3 295	3 311 000	184
Oxford	53 000	17,5	9 303	2 600	10 754 000	203
Plymouth	124 000	23,8	29 565	14 001	30 988 000	250
Portsea	200 000	20 3	40 646	23 278	39 167 000	195
Ramsgate	30 000	20,7	6 152	3 401	6 998 000	233
Reading	90 000	16,0	14 400	8 935	16 244 000	180
Redcar	12 000	36,6	4 400	2 150	2 831 000	236
Redhill	22 000	17,4	3 824	2 220	3 792 000	172
Rhyl	10 000	18,7	1 870	987	1 585 000	158
Richmond	30 000	20,9	6 298	2 385	8 207 000	273
Rochdale	71 400	41,5	29 630	2 030	17 206 000	240
Romford	12 057	22,8	2 746	1 533	2 329 000	194
Rotherham . . .	64 000	21,3	13 633	9 577	8 373 000	131
Rushden	15 000	20,8	3 117	2 271	2 547 500	170
St. Helens	93 820	16,7	15 647	12 040	13 046 000	140
Salford	350 000	19,0	66 514	26 239	48 563 000	140
Scarborough .	40 000	25,6	10 251	3 897	9 170 000	229
Sevenoaks	9 850	22,4	2 208	1 142	2 575 000	261
Sheffield	450 000	19,5	87 601	—	98 314 000	218
Shrewsbury . . .	30 000	24 2	6 852	3 130	5 575 000	186
Skipton	13 000	22,8	2 950	1 330	2 462 000	190
Smethwick . . .	67 000	15,6	10 441	6 846	13 046 000	195
Southampton . .	150 000	16,6	25 004	14 000	20 036 000	133

Ort	Ein-wohner zahl	Anzahl der Gasabnehmer			Gasabgabe	
		unter 100 Einw.	ins-gesamt	mit Gas auto-maten	insgesamt cbm	pro Kopf cbm
Southend	55 000	19,8	10 911	7 187	9 113 000	165
Southport	71 000	21,7	15 407	4 049	15 339 000	216
Stafford	25 000	21,7	5 418	3 014	5 603 000	224
Stalybridge ...	30 000	18,5	5 550	2 700	4 980 000	166
Stockport	130 000	22,1	28 793	10 969	22 725 000	175
Sunderland ...	150 000	23,9	35 985	13 664	30 828 000	205
Swanage	3 500	22,2	826	322	595 000	170
Tottenham-Edmonton ..	255 000	19,6	49 982	33 503	42 308 000	166
Tunbridge-Wells	35 000	20,6	7 187	3 621	8 490 000	243
Tynemouth ...	60 000	29,9	17 928	10 920	12 933 000	215
Uppingham ...	2 560	19,1	490	220	345 000	135
Wakefield	41 000	31,5	12 923	7 154	8 235 000	200
Walker - Walls-end	49 000	21,4	10 480	7 934	8 350 000	170
Wallasey	64 000	21,4	13 701	6 023	13 443 000	210
Warrington ...	71 500	21,8	15 642	9 477	13 103 000	183
Wellingboro' ..	20 000	23,4	4 678	—	4 188 000	209
West Bromwich	65 175	17,4	11 358	5 710	10 330 000	158
Westgate Birchington	4 492	19,8	889	330	1 124 000	250
Widnes	39 000	17,7	6 902	4 463	9 962 000	255
YeadonGuiseley	13 500	24,0	3 239	1 000	2 745 000	203
York	82 000	22,8	18 720	7 214	15 254 000	186
Alloa Burghs ..	14 000	29,9	4 188	1 865	3 140 000	223
Edinburgh....	443 000	21,0	93 233	10 191	58 751 000	133
Falkirk......	36 000	24,0	8 745	3 234	5 886 000	163
Glasgow	1 100 000	23,9	262 969	35 466	199 062 000	181
Paisley......	90 000	25,8	23 241	818	13 386 000	149
Perth	39 500	26,9	10 617	4 107	5 971 000	151
Dublin	360 000	15,0	54 117	35 278	44 006 000	122
Belfast	360 000	18,5	66 691	22 599	58 440 000	162

zungsweise[1]) 250 000 Stück; sie hat sich also v e r z e h n -
f a c h t! Es gibt — außer Sheffield — kaum noch eine größere
Stadt, ja kaum noch eine Kleinstadt oder ein mit Gas ver-
sorgtes Dorf in England, wo der Gasautomat noch nicht eingeführt wäre. Wie hoch sich unter seinem Einfluß allenthalben die Anschlußziffer und der Gasverbrauch entwickelt
haben, lassen die vorstehenden Tabellen erkennen, worin — nach
dem soeben erwähnten »Directory« — die neuesten Ergeb-.
nisse von 125 großen, mittleren und kleinen Gaswerken Großbritanniens zusammengestellt sind.

In dieser Zusammenstellung ist vieles enthalten, was dem
deutschen Gasfachmann überraschend, z. T. fast unglaublich
vorkommen wird: In 86 von den 125 Orten kommen a u f
100 E i n w o h n e r m e h r a l s 20 G a s u h r e n, in einigen
Orten sogar mehr als 30, in Rochdale gar über 40, und dies
nicht nur in Großstädten und industrie- und verkehrsreichen
Mittelstädten, sondern auch i n k l e i n e n, s t i l l e n L a n d-
s t ä d t c h e n und Dörfern! Was noch vor zwölf Jahren auch
in England die seltene, auffallende Ausnahme war, ist jetzt
schon fast die Regel: j e d e r v i e r t e o d e r d o c h j e d e r
f ü n f t e E i n w o h n e r d e s V e r s o r g u n g s g e b i e t e s
s t G a s v e r b r a u c h e r! (Weniger als 10 Gasuhren auf je
100 Einwohner haben nach dem »Directory« nur wenige, kleine
und zumeist erst seit wenigen Jahren bestehende britische Gaswerke.) In England scheint man also allenthalben dem großen
Ziele »K e i n H a u s o h n e G a s!« schon ziemlich nahe-
gekommen zu sein! Bei der Würdigung der Zahlen in der
zweiten Spalte der Tabelle darf man nicht außer acht lassen,
daß in England der E i n h e i t s t a r i f herrscht, somit
nur in seltenen Ausnahmefällen die Aufstellung zweier Gasuhren an e i n e r Konsumstelle erfolgen wird. Ferner: I n
k e i n e m e i n z i g e n d e r 125 O r t e b e t r ä g t d i e
j ä h r l i c h e G a s p r o d u k t i o n w e n i g e r a l s 120 cbm
p r o E i n w o h n e r d e s V e r s o r g u n g s g e b i e t s [2]),

---

[1]) Siehe Journ. f. Gasbel. 1896, S. 783.

[2]) Nach dem »Gas Works Directory« hat nur noch eine kleine
Minderheit der britischen Gaswerke weniger als 100 cbm jährliche
Abgabe pro Einwohner des Versorgungsgebiets.

dagegen stellt sie sich in 47 Orten auf über 200 und bis 300 cbm, in drei weiteren Städten sogar auf ü b e r **300** cbm! Und auch in dieser Hinsicht stehen wieder die kleinen Städte hinter den großen nicht zurück, vielmehr entfällt die Mehrzahl der besonders glänzenden Anschluß- und Absatzziffern auf Mittelstädte, Marktflecken und Dörfer. Die Erklärung dafür ist meistens in der vierten Spalte zu finden, i n d e r V e r b r e i t u n g, d i e d e r G a s a u t o m a t i n d e m b e t r e f f e n d e n O r t e r l a n g t h a t: In 48 von den 125 Städten machen die Gasautomaten mehr als die Hälfte, zuweilen zwei Drittel, in einem Falle sogar vier Fünftel von der Gesamtzahl der angeschlossenen Gasuhren aus!

Mancher deutsche Gasfachmann wird mit leisem Neid auf diese Errungenschaften jenseits des Kanals hinschauen; einzelne aber werden wohl zweifelsüchtig fragen: Wie ist denn bei solch unheimlichem Anwachsen der Anschlußwerte, namentlich in Gasautomaten, das A n l a g e k a p i t a l der Gaswerke gestiegen? Und wie steht es mit der R e n t a - b i l i t ä t?

Auf beide Fragen kann hier sogleich Antwort gegeben werden, wenigstens für den Zeitraum der letzten sieben Jahre, in Anlehnung an Fields »Analysis«, die u. a. auch Rubriken über das Anlagekapital, absolut und bezogen auf 1000 cbm Gasverkauf, und über die Reingewinne der behandelten Gaswerke enthält. Danach ist das Anlagekapital, absolut genommen, allenthalben gestiegen, j e d o c h n i r g e n d s i n s t ä r k e r e m M a ß e a l s d i e j ä h r l i c h e G a s a b - g a b e, vielmehr zumeist in wesentlich geringerem Verhältnis; relativ genommen, ist es also l a n g s a m, a b e r s t e t i g g e s u n k e n. Als Beispiel seien die Angaben über die Londoner »Metropolitan«- und »Suburban«-Gaswerke hierhergesetzt:

	1902	1903	1904	1905	1906	1907	1908
Anlagekapital der 3 »Metropolitan«-Werke { absolut £	36 488 306	37 980 519	38 148 302	38 241 416	38 357 261	38 439 513	38 436 874
auf 1000 cbm Gasverkauf	11 sh 4 d	11 sh 7 d	11 sh 4 d	11 sh 4 d	11 sh 2 d	11 sh — d	11 sh 2 d
Anlagekapital der 12 »Suburban«-Gesellsch. { absolut £	5 056 507	5 701 609	5 974 662	6 179 249	6 491 874	6 599 907	7 032 600
auf 1000 cbm Gasverkauf	11 sh 1 d	11 sh — d	10 sh 10 d	10 sh 9 d	10 sh 9 d	10 sh 3 d	10 sh 2 d

Der Reingewinn stellte sich zu gleicher Zeit wie folgt:

	1902	1903	1904	1905	1906	1907	1908
Bei den 3 »Metropolitan«-Gesellschaften	8,87 %	9,9 %	9,32 %	8,34 %	9,15 %	9,62 %	9,46 %
Bei den 12 »Suburban«-Gesellschaften	8,89 %	9,17 %	8,48 %	8,18 %	7,81 %	8,17 %	7,46 %

weist also bei den ersteren lediglich Schwankungen innerhalb
ziemlich enger Grenzen auf, bei den 12 Vorort-Gesellschaften
hingegen eine sinkende Tendenz. Eine solche ist auch bei
den übrigen in Fields »Analysis« behandelten städtischen und
privaten Gaswerken unverkennbar. Daß sie n i c h t den Gasautomaten zur Last fällt, geht ohne weiteres daraus hervor,
daß diejenigen Gaswerke, die, wie in Sheffield, überhaupt
keine oder, wie in Rochester, erst seit einigen Jahren und
verhältnismäßig wenige Gasautomaten angeschlossen haben,
nicht nur relativ denselben, sondern sogar einen schärferen
Rückgang der Reingewinne aufweisen. Es sind eben auch
in England gerade wie bei uns die Verhältnisse, von denen
die Rentabilität der Gaswerke in erster Linie abhängt, in den
letzten Jahren stetig ungünstiger geworden: Arbeitslöhne und
Kohlenpreise sind gestiegen, die Einnahmen aus den Neben-
produkten dagegen zurückgegangen. Da in London und der
Mehrzahl der übrigen Städte Englands ohne den durch die
Gasautomaten herbeigeführten Absatz der Gasverkauf un-
zweifelhaft zurückgegangen wäre, so haben die Automaten
unstreitbar den Rückgang der Reingewinne gemildert und
dadurch f ö r d e r l i c h a u f d i e R e n t a b i l i t ä t d e r
G a s w e r k e e i n g e w i r k t.

Die Erscheinung, daß trotz der großzügigen Einführung
von Gasautomaten das Anlagekapital, relativ genommen, nicht
gestiegen ist, ist unschwer zu erklären: Der Gasautomat ver-
mehrt nämlich nicht nur die Anschluß z a h l, sondern vor
allem die Anschluß d i c h t e, d. i. die Zahl der Anschlüsse an
einen gegebenen Rohrstrang. Zunächst und an sich wird
ein Anschluß mit Automat, wobei das Gaswerk Zuleitung,
Steigleitung, Wand- und Deckenleitungen, Beleuchtungskörper,
Brenner, Gläser sowie einen Gaskocher oder eine Herdplatte
und sonstiges Zubehör auf seine Kosten stellt, mehr Kapital-
aufwand erfordern als ein Anschluß mit gewöhnlicher Gasuhr, bei dem alle diese Kosten vom Besteller getragen werden.
Sieht man aber schärfer zu, so findet man, daß trotzdem
oft, ja zumeist 100 neue Automatenanschlüsse insgesamt
weniger Geldaufwand erfordern als 100 neue gewöhnliche
Anschlüsse. Diese sind nämlich in England ebenso wie bei

uns zu allermeist nur durch mehr oder minder beträchtliche und kostspielige V e r l ä n g e r u n g e n d e r H a u p t r o h r - s t r ä n g e (z. B. in neu angelegte Straßenzüge) erreichbar, jene aber zumeist ohne jede Ausdehnung der Hauptleitungen, l e d i g l i c h   d u r c h   a u s g i e b i g e r e   B e l a s t u n g   d e r   v o r h a n d e n e n   R o h r s t r ä n g e. Dafür bietet Fields »Analysis« namentlich aus London und seinen Vororten interessante Belege, die in Fig. 1 (S. 29) mit zur Darstellung gebracht sind, indem im gleichen Maßstab wie die Zunahme der Gasautomaten und der gewöhnlichen Gasuhren auch die der Hauptrohrlänge und die der Anschlüsse pro km durch je eine Linie für das eigentliche London und eine für die Vororte veranschaulicht ist. Man sieht sofort, daß die Gesamtlänge der Hauptrohrstränge in den Vororten nur gerade in demselben, in der inneren Stadt auch nur in den letzten zwei Jahren in etwas stärkerem Verhältnis wuchs wie die Zahl der gewöhnlichen Gasuhren, daß aber d i e   b e i d e n   d i e   A n - s c h l u ß d i c h t e   d a r s t e l l e n d e n   L i n i e n   v i e l s t e i l e r   a n s t e i g e n. Bei den drei »Metropolitan«-Gesellschaften wuchs in den letzten sieben Jahren die Länge des Rohrnetzes von 3423 auf 3694 engl. Meilen, d. i. um nicht ganz 8 %, die Anschlußdichte hingegen von 195 auf 268 Privatanschlüsse pro engl. Meile Hauptrohrstrang (= 121 bzw. 166 pro km), d. i. um über 37 %; bei den zwölf »Suburban«-Gesellschaften stieg die Rohrnetzlänge um 28 %, die Anschlußdichte dagegen um fast 50 % (von 78 Privatanschlüssen pro km Hauptrohr auf über 116).

Die verhältnismäßig stärkste Steigerung der Anschlußdichte in den sieben Jahren hat von den Londoner Vororten M i t c h a m erreicht, wo man von 53 Anschlüssen pro engl. Meile Hauptrohr im Jahre 1902 auf 178 im Jahre 1908 kam, bei einer Vermehrung der gewöhnlichen Gasuhren von 5256 auf 9432 Stück, der Gasautomaten hingegen von null auf 15 246 Stück.

Die 37 in Fields »Analysis« behandelten Gasunternehmungen hatten zusammen Ende 1908 eine Anschlußdichte von etwas über 208 Gasuhren (einschl. Automaten) pro engl. Meile Hauptrohr $\sim$ 130 pro km. Die höchste Anschlußdichte

scheint G l a s g o w zu haben, mit 592 Privatkonsumenten pro
engl. Meile Hauptrohr = 368 pro km!

Daß die zunehmende Anschlußdichte in der Tat g a n z
ü b e r w i e g e n d d e n G a s a u t o m a t e n z u v e r -
d a n k e n i s t, geht daraus klar hervor, daß nach dieser Rich-
tung diejenigen englischen Gaswerke, die noch gar keine oder
nur wenige Automaten aufgestellt haben, am wenigsten
vorangekommen sind; in Rochester z. B. stieg die Anschlußdichte in den sieben Jahren nur von 86 auf 94, in Sheffield
nur von 138 auf 154, in Bradford nur von 181 auf 201 pro
engl. Meile.

Der G a s v e r k a u f p r o k m H a u p t r o h r u n d
J a h r erfuhr bei den drei »Metropolitan«-Gasgesellschaften
trotz der gewaltigen Vermehrung der Gasautomaten in den
sieben Jahren keinerlei Zunahme, hielt sich vielmehr auf
∞ 180 000 cbm, er wäre also ohne die Einführung der Automaten zweifellos zurückgegangen; bei den »Suburban«-Gesell-
schaften stieg er von ∞ 95 000 cbm im Jahre 1902 auf über
106 000 cbm, d. i. um über 11 %. Die höchste Steigerung
erfuhr er da, wo man am großzügigsten mit Gasautomaten
vorging, nämlich in M i t c h a m mit über 50 %, in T o t t e n -
h a m - E d m o n t o n mit über 42 %. In Rochester dagegen
ging er ein wenig zurück, in Sheffield nur sehr wenig vor-
wärts.

N a c h a l l e d e m k a n n m a n w o h l s a g e n, d a ß
d e r G a s a u t o m a t d e n G a s w e r k e n G r o ß b r i t a n -
n i e n s i n j e d e r H i n s i c h t f ö r d e r l i c h g e w e s e n
i s t u n d i h n e n w i e a u c h w e i t e n K r e i s e n
d e r B e v ö l k e r u n g g e r a d e z u u n s c h ä t z b a r e
D i e n s t e g e l e i s t e t h a t. Es war ein stolzes, aber
offenbar wohlbegründetes Wort, das ein englischer Gasfachmann vor etwa Jahresfrist dem Schreiber dieser Zeilen sagte:
»T h e p r e p a y m e n t m e t e r h a s d o n e f a r m o r e
f o r t h e B r i t i s h g a s i n d u s t r y t h a n e v e n t h e
W e l s b a c h b u r n e r!«[1])

---

[1]) »Der Gasautomat hat weit mehr für die britische Gasindustrie getan als selbst das Auerlicht!«

Vergleicht man nun mit diesen glänzenden Erfolgen der
Gasautomaten in England die entsprechenden Verhältnisse in
D e u t s c h l a n d, so ergibt sich ein weniger erfreuliches Bild.
W i r s i n d i n j e d e r B e z i e h u n g w e i t z u r ü c k.
Zunächst gibt es unter unseren etwa 1850 öffentlichen Gaswerken nur etliche hundert, die überhaupt Gasautomaten
aufstellen; die weit überwiegende Mehrzahl namentlich der
s t ä d t i s c h e n Gaswerke — die p r i v a t e n Gaswerke,
namentlich die der Deutschen Continental-Gas-Gesellschaft
und der Imperial Continental Gas Association, sind bekannt-
lich von Anfang an mit großem Eifer für die Einführung von
Gasautomaten eingetreten — hält damit noch zurück, »bis
anderwärts ausreichende und ermunternde Erfahrungen vor-
liegen«. Auch die Minderheit geht zumeist nur langsam und
vorsichtig mit Gasautomaten vor; man beschränkt sich
»vorerst« auf einige Dutzend, höchstens einige hundert, manchenorts ist in den letzten Jahren kein Zugang mehr, ver-
einzelt sogar ein Rückgang bei den Automaten zu verzeichnen.
Deshalb sind denn auch in g a n z D e u t s c h l a n d h e u t e
n o c h k a u m 200 000 G a s a u t o m a t e n i m B e t r i e b
und gibt es, bis auf eine einzige rühmliche Ausnahme, keine
deutsche Gasanstalt, die nach dem Vorbilde so vieler englischer Werke mehr Automaten im Anschluß hätte als gewöhnliche Gasuhren.[1]) Darum haben denn auch nur ganz wenige
deutsche Gaswerke eine ähnliche A n s c h l u ß d i c h t e oder
gar eine ähnlich große r e l a t i v e G a s a b g a b e wie die
Mehrzahl der englischen Gaswerke. Z. B. waren bei sorg-
fältiger Durchsicht unserer Statistiken und einzelnen Be-
triebsberichten nur gerade zwei Dutzend deutsche Städte zu

---

[1]) Mehr als 1000 Gasautomaten im Anschlufs haben nur die
städtischen und englischen Gaswerke von Berlin, fünf Anstalten
der Deutschen Continental·Gas·Gesellschaft (Potsdam, Rheydt-
Odenkirchen, Frankfurt a. O., Dessau und Luckenwalde), die Gas-
anstalten in Charlottenburg, Darmstadt, München, Chemnitz, Nürn-
berg, Düsseldorf, Magdeburg, Strafsburg i. E., Karlsruhe, Wiesbaden,
Plauen i. V., Mülhausen i. E., Fürth, Kaiserslautern, Flensburg,
Colmar i. E, Worms, Ludwigshafen, Landsberg a. W., Schwäb.-
Gmünd und Meerane i. S.

finden, in denen pro Einwohner und Jahr mehr als 100 cbm
Gas abgegeben werden; w e s e n t l i c h mehr als 100 cbm
pro Kopf und Jahr setzen sogar nur 12 Gaswerke ab, nämlich
Lauscha (240), Vegesack (183), Charlottenburg (179),
St. Johann (144), Pforzheim (141), Zweibrücken (125), Göt-
tingen (122), Bremen (124), Berlin (120, städt. Gaswerke
allein, 142 mit Einschluß des von der englischen Gasgesellschaft im Weichbilde der Stadt abgesetzten Gases), Godes-
berg (118), Baden-Baden (116), und Karlsruhe (110)[1]. Darunter sind obendrein noch solche, die nur durch gewisse
besondere Verhältnisse zu dem ungewöhnlich hohen Gasabsatz
gekommen sind, z. B. Lauscha (Glasbläsereien), Pforzheim
(Goldwarenfabrikation), Baden-Baden (starker Fremdenver-
kehr), so daß nur die übrigen als Beispiele dafür gelten können,
d a ß   a u c h   i n   D e u t s c h l a n d   d i e   M ö g l i c h k e i t
b e s t e h t ,   d e n   G a s a b s a t z   a u f   d i e   i n   E n g l a n d
s c h o n   v o r   12   b i s   15   J a h r e n   a l l e n t h a l b e n   e r -
r e i c h t e   H ö h e   z u   h e b e n. Gleichsam als Erklärung
dafür, daß dies zurzeit noch Ausnahmen sind und die große
Mehrzahl der deutschen Städte trotz des gewaltigen Fort-
schritts von Industrie, Gewerbe, Handel und Verkehr erst
einen Gasabsatz von 80 bis 90, ja vielfach sogar nur von
60 bis 70 cbm pro Einwohner und Jahr erzielt hat, findet
man ferner, trotz des bei der überwiegenden Mehrzahl der
deutschen Gaswerke (allerdings schon nicht mehr für die
Mehrzahl der Gasverbraucher Deutschlands) derzeit noch bestehenden D o p p e l t a r i f e s, der sehr vielen Abnehmern
zwei Gasuhren aufzwingt, nur ganz ausnahmsweise mehr als 20
Gasuhren auf je 100 Einwohner (in Stuttgart 27,3, in Neumünster 25,6[2]), in Vegesack 25,3[2]), in Pforzheim 24,0, in

---

[1] Außerdem haben noch folgende deutsche Städte einen hoch-
entwickelten Gasabsatz: Heidelberg 109, Stuttgart 104, Elberfeld 103,
Leipzig 103, Jülich 102, Barmen 101, Köln 101, Hamburg, Düsseldorf,
Stade, Annaberg und Wiesbaden 100, Celle 98, Itzehoe 97, Neumünster 96, Mainz 95 cbm pro Kopf und Jahr.

[2] Vegesack und Neumünster haben seit Jahren den Gasverbrauch in den kleinbürgerlichen und Arbeiterhaushaltungen ungewöhnlich stark einzubürgern verstanden.

Lauscha 22,8), sonst aber zumeist nur 12 bis 15, sehr häufig
sogar noch weniger als 10. In denjenigen deutschen Städten,
die seit längerer Zeit e i n h e i t l i c h e G a s p r e i s e eingeführt haben, stellt sich diese Verhältniszahl auf

18,4 in Charlottenburg,
18,0 in Zwönitz i. S.,
17,6 in Bremen,
14,2 in Karlsruhe,
12,6 in Berlin (städt. Gaswerke),
12,6 in Hamburg,
11,0 in Wiesbaden.

Schließlich ist sogar der jährliche G a s v e r k a u f p r o
K i l o m e t e r H a u p t r o h r trotz der durch das Über-
wiegen des vielgeschossigen Miethauses in den deutschen
Städten gegebenen günstigeren Vorbedingungen im besten
Falle nur ebenso hoch, zumeist aber wesentlich niedriger als
durchschnittlich in England; selbst in enggebauten alten
Festungsstädten, wie Magdeburg und Straßburg i. E., hat man
nur rd. 67 000 bzw. gar nur 45 000 cbm pro km und Jahr erreicht. Die städtischen Gaswerke von B e r l i n scheinen in
dieser Beziehung mit rd. 180 000 cbm (d. i. dasselbe wie die
drei »Metropolitan«-Gasgesellschaften in London) und auch mit
∽ 200 Privatanschlüssen pro km Hauptrohr den Rekord zu
halten; ihnen zunächst stehen die Gaswerke von C h a r l o t-
t e n b u r g mit 191 Anschlüssen und jährlich 173 000 cbm
Gasverkauf pro km Hauptrohr; i n b e i d e n S t ä d t e n
h a b e n z w e i f e l l o s d i e G a s a u t o m a t e n s c h o n
m e r k l i c h z u r E r z i e l u n g d i e s e r E r g e b n i s s e
b e i g e t r a g e n, wenn sie auch in Charlottenburg erst 17,7,
in Berlin erst 15,3 % von der Gesamtzahl der angeschlossenen Gasuhren darstellen. Hamburg, wo der Gasautomat
noch nicht eingeführt ist, hat nur 93 Privatanschlüsse und
nur 72 000 cbm Gasverkauf pro km.

Wie sich bei den städtischen Gaswerken von B e r l i n die
Zahl der gewöhnlichen Gasuhren und die der Gasautomaten
im Laufe der letzten sieben Jahre entwickelt hat, ist auf nachstehender Fig. 2 dargestellt, und zwar im gleichen Maßstab
wie auf der Fig. 1 von London. Man sieht, daß die Linie

der gewöhnlichen Gasuhren etwas steiler, diejenige der Automaten aber viel sanfter ansteigt als in London. In Berlin nimmt also die Zahl der gewöhnlichen Gasuhren einstweilen noch absolut und relativ stärker zu als die der Automaten, die Gesamtzahl der Anschlüsse aber in viel geringerem Maße als in London. Es wird wohl

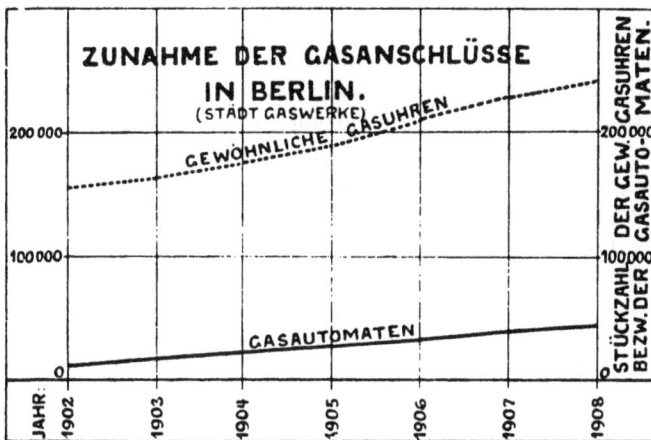

Fig. 2.

nicht bezweifelt werden, daß Anschlußdichte und Gasverkauf pro Kopf und Jahr in Berlin viel größer wären, wenn die städtische Verwaltung in gleich ungehemmter Weise mit Gasautomaten hätte vorgehen können wie die Londoner Gasgesellschaften.

Die einzige deutsche Stadt, wo der Gasautomat eine ähnliche Verbreitung erlangt hat wie allenthalben in England, ist Königsberg i. Pr. Im Jahre 1902 setzte daselbst die großzügige Einführung der Gasautomaten ein, und sie schritt derart fort, daß schon im Laufe des Jahres 1907 die Zahl der Gasautomaten diejenige der gewöhnlichen Gasuhren überholte und sie Ende 1908 mit 16 548 gegen 12 625 weit hinter sich zurückließ. Auf dem Schaubild (Fig. 3) ist, nach Betriebs-

berichten und ergänzenden Mitteilungen des Herrn Direktors
K o b b e r t, der kürzlich selbst in diesem »Journal« darüber
ausführlich berichtet hat[1]), die Entwicklung der Dinge in
Königsberg für die Zeit von Ende 1902 bis dahin 1908 dargestellt; außer der Zunahme der gewöhnlichen Gasuhren und
der Gasautomaten ist auch diejenige der Gasproduktion, der
Gasabgabe pro Kopf und Jahr und der privaten Gasanschlüsse
pro km Hauptrohr eingezeichnet. Das Bild spricht für sich
selbst und läßt leicht erkennen, wie die ungemein rasch wach-
sende Zahl der Automaten-Anschlüsse die relative Gasabgabe
und die Anschlußdichte gesteigert hat. Wer etwa bezweifeln
sollte, daß den Gasautomaten auch der weitaus größte Teil
der P r o d u k t i o n s z u n a h m e zu danken ist, dem sei
gesagt, daß im Jahre 1908 über $5\frac{1}{2}$ Millionen cbm Gas durch
Automaten abgegeben worden sind, d. h. schon ü b e r 30 %
d e r G e s a m t a b g a b e. Erwähnt sei noch, daß die A b -
g a b e p r o H a u p t r o h r u n d J a h r sich von knapp
110 000 cbm im Jahre 1902 auf über 130 000 cbm im Jahre
1908 hob und daß, hauptsächlich weil die Gasautomaten
vorwiegend Kochgas verkaufen, der A u s n u t z u n g s -
Q u o t i e n t des Gaswerks, d. i. $\dfrac{\text{Jahresproduktion}}{\text{größte Tagesabgabe}}$, in
derselben Zeit von 202 auf 225 hinaufging.

Bemerkenswert ist, daß in Königsberg die Gasanstalt
nicht, wie in England und wohl auch in der Mehrzahl der
deutschen Städte üblich ist, die gesamten Kosten der Auto-
maten-Einrichtungen übernimmt, sondern nur die Steig-
leitungen gegen Miete herstellt und bei Automaten auf die
sonst geforderte Kaution verzichtet, daß also diese kleinen
Erleichterungen und d i e b e q u e m e B e z a h l u n g s -
w e i s e genügt haben, um in wenigen Jahren die Zahl der
Anschlüsse mit Automaten diejenige der gewöhnlichen Anschlüsse weit überflügeln zu lassen und dem Gaswerk ein
Absatzfeld zu erschließen, worin es vordem kaum einen Abnehmer gehabt hatte, nämlich die W o h n u n g e n d e r

---

[1]) Vgl. Journ. f. Gasbel. 1909, Nr. 42, S. 913, bzw. die voran-
stehende Abhandlung (S. 10 bis 25).

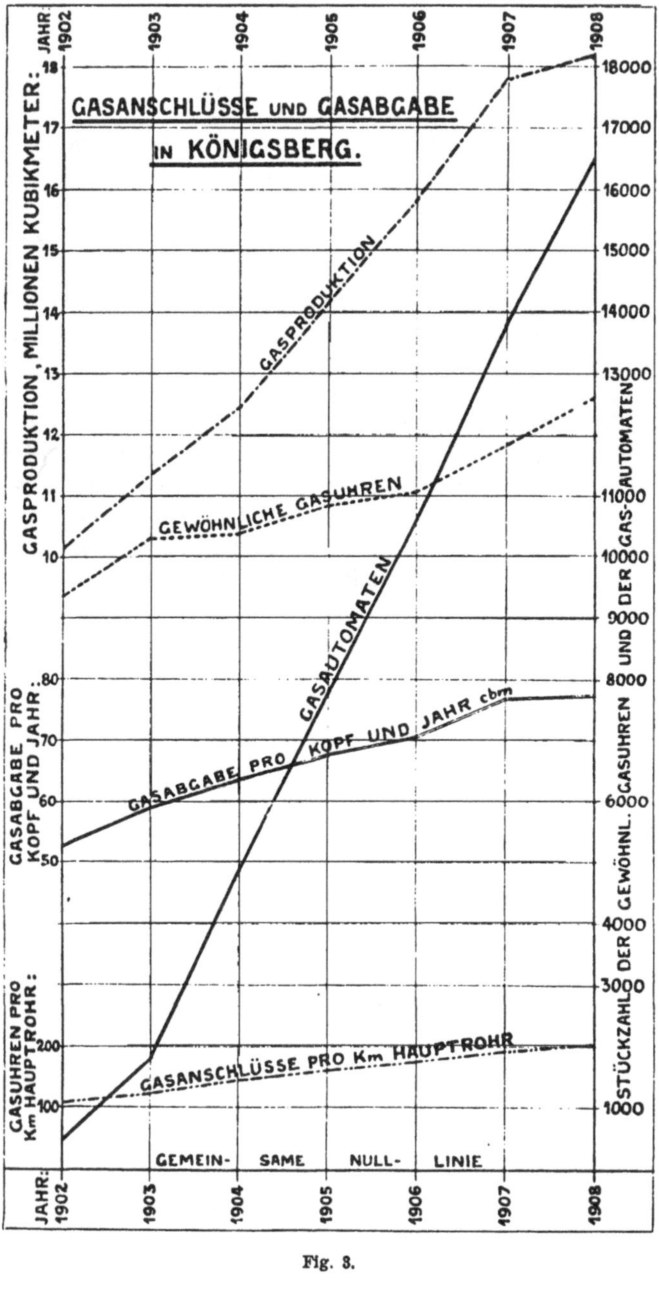
GASANSCHLÜSSE UND GASABGABE
IN KÖNIGSBERG.
JAHR: 1902
1903
1904
1905
1906
1907
1908
GASPRODUKTION, MILLIONEN KUBIKMETER:
GASABGABE PRO KOPF UND JAHR:
GASUHREN PRO Km HAUPTROHR:
STÜCKZAHL DER GEWÖHNL. GASUHREN UND DER GAS-AUTOMATEN
GASPRODUKTION
GEWÖHNLICHE GASUHREN
GASAUTOMATEN
GASABGABE PRO KOPF UND JAHR cbm
GASANSCHLÜSSE PRO Km HAUPTROHR
GEMEIN- SAME NULL- LINIE

Fig. 8.

»k l e i n e n L e u t e«, Drei- und Zwei-, ja sogar E i n zimmer-
wohnungen!

Damit ist in Königsberg zwar bei weitem noch nicht das erreicht, was in England die Regel bildet, a b e r e s i s t — und
noch dazu unter minder günstigen Vorbedingungen — d e r
B e w e i s e r b r a c h t, d a ß a u c h b e i u n s d u r c h
G a s a u t o m a t e n e i n e ä h n l i c h e A u s b r e i t u n g
d e s G a s v e r b r a u c h s i n d i e W e g e g e l e i t e t
w e r d e n k a n n w i e d r ü b e n, u n d z w a r m i t d e n-
s e l b e n d e r R e n t a b i l i t ä t d e r G a s w e r k e f ö r-
d e r l i c h e n N e b e n w i r k u n g e n.

Möge darum die noch in so vielen deutschen Städten geübte Zurückhaltung den Gasautomaten gegenüber bald allenthalben einer zuversichtlicheren Auffassung weichen! Es wird
in unseren deutschen Städten eine Unmenge ausländisches
Petroleum zur Beleuchtung und viel zu viel teuerer Brenn-
spiritus zu Koch- und Heizzwecken verbraucht, und wohl
jedes deutsche Gaswerk hat in seinem Versorgungsgebiet
mehr oder minder lange Hauptrohrstränge, an denen außer
den Straßenlaternen kaum einige private Abnehmer angeschlossen sind. Wohlan, der Gasautomat ist das Mittel, diese
unerfreulichen Zustände schnell und durchgreifend zu ändern!

Gasautomaten in Amsterdam.[1])

Von D. S t a v o r i n u s , assist. Chemiker der Gaswerke.

Unter der Überschrift »Gasautomaten in England und in Deutschland« veröffentlichte Herr F. S c h ä f e r in ds. Journ. 1909, S. 1017, einen sehr interessanten Artikel, welcher uns eine Idee gibt von der Entwicklung der englischen Gasindustrie. Ich möchte heute mit einigen Zahlen zeigen, wie auch in Holland das Automatenwesen beträchtlich zur Entwicklung des Gasverkaufs beigetragen hat. In dieser Hinsicht wie in mancher anderen bildet Holland einen Übergang zwischen Deutschland und Eng'and.

Die Gaslieferung in der Stadt Amsterdam war bis zum 10. August 1898 Monopol der Imperial Continental Gas Association, welche die Konzession in 1884 erworben hatte. Durch Kündigung der Konzession trat die Stadt am 10. Aug. 1898 in den unbedingten Besitz zweier Gaswerke mit einer jährlichen Produktionsfähigkeit von je 40 Mill. cbm. Der Gaspreis war in den letzten Jahren der Konzessionalverwaltung unverändert auf 9 cents holl. (= 15 Pf.) stehengeblieben, wozu für Gasautomaten ein Zuschlag von 1 cent kam.

Am 10. August 1898 war die Anzahl der gewöhnlichen Gasuhren 24 692, indem die der Automaten sehr bescheiden auf 934 stehengeblieben war. Zur Hebung des Gasverkaufs wurde infolge Beschlusses der Stadtverwaltung der Gaspreis mit Eintritt des 1. Januar 1899 erniedrigt, und zwar für gewöhnliche Gasuhren auf 7 cents (11½ Pf.) und für Gasauto-

---

[1]) Aus Journal für Gasbeleuchtung und Wasserversorgung 1910, Nr. 6, S. 129.

4

maten auf 7½ cents (12½ Pf.). Hierzu ist zu bemerken, daß diese Preisdifferenz den zu bezahlenden Automatenzinsen entspricht.

Der Preiserniedrigung folgte alsbald eine merkliche Zunahme des Gasverbrauchs. Diese Vermehrung und der gleichzeitig damit vorgehende Ausbau der Stadt beanspruchten das bestehende Rohrnetz derartig, daß sich nach Verlauf kurzer Zeit eine ungenügende Gaszufuhr, und zwar vorzugsweise im Südwestviertel, fühlbar machte. Die fortwährende Vergrößerung des Rohrnetzes konnte nur zeitweise Abhilfe schaffen, so daß im Jahre 1904 eine Hauptleitung geplant wurde, welche den ganzen südlichen Teil der Stadt im Halbkreise umgeben sollte. Im darauffolgenden Jahre wurde diese Leitung zum größten Teile vollendet. Dieselbe ist aus Mannesmannrohr von 900 mm l. W. zusammengesetzt, hat eine Länge von nahezu 12 km; sie bildet nicht nur die Verbindung der beiden bestehenden Gaswerke, sondern hat auch eine Abzweigung zu der im Bau begriffenen dritten Fabrik. Diese Leitung hat nur an einigen Stellen Verbindung mit dem Hauptrohrnetz und trägt keine direkten Anschlüsse. Ohne diese Hauptleitung würden die verschiedenen Verhältniszahlen pro km Rohrstrang im nachfolgenden entschieden höher sein.

Nichtsdestoweniger ist die Zahl der Anschlüsse pro km Rohrstrang im steten Steigen begriffen gewesen, wie uns Tabelle I zeigt.

Während also das Rohrnetz um 25,5 % verlängert wurde, hat die Zahl der Anschlüsse pro km Rohr eine Vermehrung um 184 % erfahren.

Zu dieser Vermehrung haben am meisten die Gasautomaten beigetragen, und Tabelle II zeigt, wie im Verlauf von nur 11 Jahren die bescheidene Zahl von 934 Automaten sich auf 59 868 erhoben hat, so daß 46 % der Häuser Automatengas verbrauchen, denn es waren am 1. Januar 1910 in Amsterdam 130 000 Häuser.

Also schon um 1907 hatte die Zahl der Automaten die der gewöhnlichen Gasuhren glänzend überholt.

Dasselbe kann man bis heute noch nicht sagen von dem Gasverkauf, derselbe ist auch heute noch bei den gewöhn-

lichen Gasuhren beträchtlich höher als der von den Automaten registrierte Verkauf. Dennoch ändert sich der Zustand
jährlich immer mehr zugunsten der Automaten, und nach
einigen Jahren wird auch hier der von den Automaten an-
gezeigte Verkauf größer sein als der, welcher von den ge-

Tabelle I.

Jahr	Länge des Rohrnetzes	Zahl der Anschlüsse pro km Rohr
1899	318 km	92
1900	323 »	109
1901	330 »	129
1902	334 »	148
1903	348 »	162
1904	360 »	174
1905	371 »	193
1906	384 »	211
1907	387 »	233
1908	394 »	247
1909	399 »	261

Tabelle II.

Jahr	Gewöhnliche Gasuhren		Gasautomaten	
	total	pro km Rohrnetz	total	pro km Rohrnetz
1899	27 363	86	1 869	6
1900	29 984	93	5 338	16
1901	32 185	97	10 412	32
1902	33 846	101	15 630	47
1903	35 622	103	20 492	59
1904	37 403	104	25 202	70
1905	39 377	106	32 186	87
1906	41 541	108	39 401	103
1907	42 652	110	47 451	123
1908	43 151	109	54 192	138
1909	44 330	—	59 868	—

wöhnlichen Gasuhren aufgezeichnet wird. Der Verlauf des
Gasverkaufs ist in Tabelle III gezeigt.

Tabelle III.

Jahr	Gasverkauf in cbm		
	durch gewöhn-liche Gasuhren	durch Automaten	= % des Totalverkaufs
1899	29 632 428	640 386	2,12
1900	33 954 103	1 888 185	5,27
1901	37 718 374	4 413 313	9,82
1902	41 037 851	7 058 575	14,67
1903	43 570 060	9 293 766	16,69
1904	45 631 109	12 318 191	20,14
1905	47 039 974	15 319 554	23,30
1906	48 969 135	19 726 374	27,31
1907	50 303 443	23 829 509	30,65
1908	49 286 777	26 980 360	33,77
1909	53 310 545	30 959 854	36,00

Also Zunahme des Verkaufs:

durch gewöhnliche Gasuhren   23 678 117 cbm

»   Automaten . . . . .   30 319 468 »

im ganzen   53 997 585 cbm

Dies ist nur das verkaufte Gas, und die Straßenbeleuchtung ist hierbei nicht einbegriffen. Die Zunahme des Gasverkaufs beträgt also in diesen ersten elf Jahren unter Stadtverwaltung 178 % der anfangs verkauften Gasmenge, und
hiervon sind 99 % auf Rechnung der Automaten zu stellen

Betrachten wir weiter den Gasverkauf unter Berücksichtigung der gesamten Rohrlänge. Auch hier ist eine er-
freuliche Zunahme aufzuweisen, wie Tabelle IV zeigt.

Wir haben also in diesem Jahre die 200 000-Grenze über-
schritten. In dieser Hinsicht steht Amsterdam also an der
Spitze der Großstädte, und hierzu haben nicht am wenigsten
die Automaten beigetragen.

Wenn wir zuletzt noch die Zahl der Einwohner in Betracht
ziehen, so belief sich die Einwohnerzahl im ersten Jahre der
städtischen Gaslieferung auf 517 595 und im letzten Betriebs-

jahre auf 565 553, hat also um 47 958 oder 9,26 % zuge-
nommen. Der Gasverkauf pro Kopf der Bevölkerung hat
aber eine viel größere Zunahme erfahren, wie aus Tabelle V
ersichtlich ist.

Tabelle IV.

Jahr	Gasverkauf pro km Rohrstrang	Jahr	Gasverkauf pro km Rohrstrang
1899	95 300 cbm	1905	167 970 cbm
1900	118 820 »	1906	178 850 »
1901	127 630 »	1907	191 550 »
1902	143 780 »	1908	193 430 »
1903	151 780 »	1909	211 204 »
1904	161 040 »		

Tabelle V.

Jahr	Gasverkauf pro Kopf	Gasabnehmer pro 100 Einwohner
1899	58,56 cbm	4,50
1900	69,70 »	6,24
1901	80,23 »	8,10
1902	89,98 »	9,25
1903	97,34 »	10,35
1904	105,75 »	11,42
1905	112,69 »	12,93
1906	122,60 »	14,44
1907	131,39 »	15,97
1908	135,02 »	17,23
1909	145,51 »	18,42

Der Gasverkauf in 1909 pro Kopf war 154,64 cbm, wenn die
Straßenbeleuchtung hinzugerechnet wird.

Aus dem vorhandenen Zahlenmaterial kann man be-
rechnen, daß die Gasablieferung in Amsterdam noch eine
beträchtliche Vermehrung erfahren muß, ehe die englischen
Zahlen erreicht sind, und daß zu dieser Steigerung die Auto-

maten am meisten beitragen werden. Der geringe Rückgang in der Gaslieferung durch gewöhnliche Gasuhren im Jahre 1908 ist meines Erachtens nicht einer Depression zuzuschreiben, sondern der fast allseitigen Einführung des Invertlichtes.

Die Hauptsache ist und bleibt beim Gasverkauf wie bei jedem Verkauf eine geschickte, nicht schreierische Reklame. Und in dieser Hinsicht sind unsere Nachbarn jenseits des Kanals uns weit überlegen. Die englischen Gasgesellschaften verstehen sich auf »Canvassing« und besitzen ein zu dieser Arbeit geschultes Personal. Und der Erfolg dieser Arbeit zeigt sich in den Ziffern des Verkaufs pro Kopf der Bevölkerung.

Anderseits ist es auch ein wichtiger Faktor, wenn man den Leuten den Übergang vom Öl oder anderen Brennstoffen zum Gas leicht macht. Und das hat man eben hier in Amsterdam gemacht. Das Gaswerk übernimmt die Kosten der ganzen Installation samt Lampen und Kochplatte, ohne daß dafür Kaution gefordert wird und ohne Extramiete.

Diese Vorteile genügten in diesem ersten Dezennium, um den Gasautomat rasch einzubürgern, und auch hier darf man sagen, daß der Gasautomat ein wichtiger Faktor gewesen ist, nicht nur in der ökonomischen Entwicklung des Gasbetriebs sondern auch im wirtschaftlichen Betrieb der Stadtfinanzen.

Amsterdam im Dezember 1909.

Revidiert im Juli 1910.

S. ELSTER

BERLIN N. O. 43, Neue Königstr. 67/68

Nasse	Trockene
Gasautomaten	Gasautomaten

Aenderung der Durchgangsmenge für einen beliebigen Gaspreis durch Einseßen eines Rades am Aufstellungsort der Gasautomaten. Die Gasautomaten werden auf Wunsch mit einer
Geldsortiervorrichtung und verschlossener Kassette geliefert.

J. BRAUN & C**IE.**

STUTTGART

Gegründet im Jahre 1880

empfehlen ihre

Gasmesser und
Gas-Automaten

in jeder Größe und
Ausführung

Verlag von R. OLDENBOURG, München und Berlin.

Journal für Gasbeleuchtung
und verwandte Beleuchtungsarten
sowie für Wasserversorgung.

Organ des Deutschen Vereins von Gas- und Wasserfachmännern.

Herausgeber und Chef-Redakteur: Geh. Hofrat Dr. **H. Bunte,**
Prof. a. d. Techn. Hochschule in Karlsruhe. — Jährlich 52 Hefte.
Preis für den Jahrgang M. 20.—; halbjährlich M. 10.—.

Das „Journal für Gasbeleuchtung und verwandte Beleuchtungsarten sowie
für Wasserversorgung", Organ des Deutschen Vereins von Gas- und Wasser-
fachmannern, steht nun in seinem 53. Jahrgange. Es behandelt nicht nur die
Koblengasbeleuchtung und Wasserversorgung in ihrem ganzen Umfange, sondern
gibt auch eingehende Informationen über die verwandten Beleuchtungsarten,
Azetylen, Petroleum, Spiritusglühlicht, Luftgas sowie elektrische Beleuchtung.
Auch die Hygiene wird in gebührender Weise berücksichtigt. Das „Journal für
Gasbeleuchtung und verwandte Beleuchtungsarten" ist auf diesem Gebiete un-
bestritten das erste und fuhrende Organ.

General-Register zum Jahrgang 32 bis 46 (1889—1903) des
vorgenannten Journals. Bearbeitet von Dipl.-Ingenieur **Alb.
Schmidt** in Karlsruhe. 471 Seiten Lex. 8⁰. Preis M. 15.—.

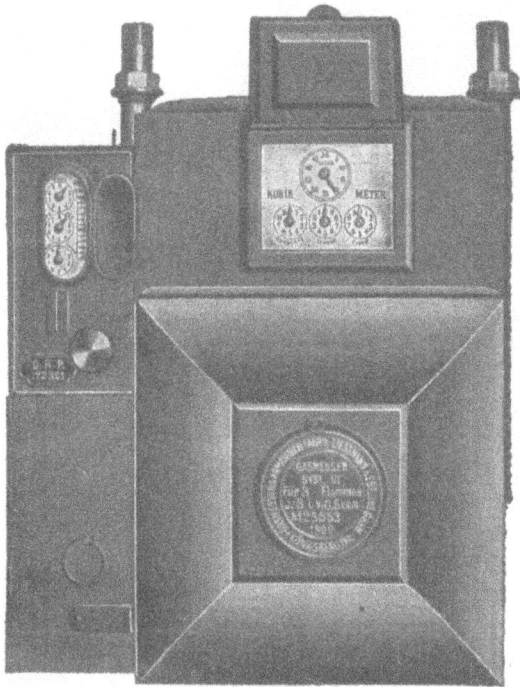

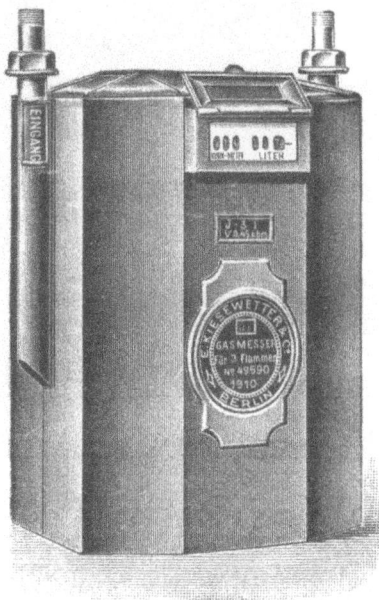